理解
·
现实
·
困惑

轻度
PSYCHOLOGY

实现可持续幸福的12种策略

快乐有方法

POSITIVELY
HAPPY

ROUTES TO
SUSTAINABLE
HAPPINESS

[美] 索尼娅·柳博米尔斯基 (Sonja Lyubomirsky)
杰米·库尔兹 (Jaime Kurtz) / 著

安妮 (Annie R. Liu) / 主编   安妮 (Annie R. Liu) 杜玉洁 / 译

中国纺织出版社有限公司

让积极心理学好用起来的幸福课

心理工作者、教师与家长必备的工具包

樊富珉 / 文

积极心理学是一门研究人类幸福与优势的科学，它既是一门基础科学，也是一门应用科学。积极心理干预（Positive Psychology Intervention，PPI）也称幸福干预，是一系列以积极心理学理论为依据、以提升幸福感为目的，促进改变和成长的策略、方法和行动。积极心理干预的实施路径可以是个体干预，也可以是家庭干预、团体干预、课堂干预、社区干预等。积极心理干预不仅可以让本来就健康的个人通过干预练习变得更加幸福，还可以在整个心理健康的领域起到预防心理问题的作用，产生"上医治未病"的效果。

积极心理干预在促进身心健康，增强积极认知、积极情绪、积极行为和积极关系，提升成就和幸福感方面的效果已经被大量实证研究所证明。

- 一项对 51 个积极心理干预研究的元分析发现，积极心理干预可以有效地减轻抑郁症状，增加幸福感（Sin & Lyubomirsky, 2009）；

- 积极心理学创始人塞利格曼教授等人的研究也发现，提供一些积极心理干预可以持久地增加人们的幸福感并减少抑郁症状（Seligman et al., 2006）；

- 积极心理干预还有疗愈作用，如识别和运用品格优势的干预可以增强心理韧性，帮助人们从创伤中恢复（Hamby et al., 2018）；

- 积极心理干预对成就也有促进作用，比如一项对高中生的研究发现，积极心理干预通过增强学生的学习动机，提高了他们的学习成绩（Muro et al., 2018）。

最近二十多年，我国陆续翻译和引进了不少积极心理学的著作，也有本土的心理学家出版了多本积极心理学相关书籍，为向大众普及积极心理学、推广积极心理学发挥了积极作用。但总体上看，专门介绍积极心理干预的原理和方法，且以实践练习为主的书籍尚付阙如。我和我的团队十多年来致力于积极心理团体辅导的研究，积累了不少经验，发表了不少论文，但也还没有成书。看到由安妮主编和组织翻译的"积极心理干预书系"的出版，我的眼前一亮，有一种及时雨的感觉。无论是对于专业的心理学工作者，还是对于学校教师、家长，以及寻求成长的个人，书中介绍的提升积极认知、积极情绪、积极行动的方法，以及各种增进身心健康和幸福的策略都是深为社会所需要的。

基于我对这套书的认识和了解，以及作为一名国内积极心理干预的推动者和实践者，我非常愿意向心理咨询师、精神科医生、企业培训师、个人成长教练、学校教师、社会工作者、家长，以及每一位希望预防和减轻焦虑和抑郁、提升生活满意度和幸福感的人推荐这套书，相信这套书中介绍的理论和方法能够让我们的生活更美好、人生更丰盛、社会更和谐！

樊富珉　教授

北京师范大学心理学部临床与咨询心理学院院长

教育部普通高等学校学生心理健康教育专家指导委员会委员

中国心理学会积极心理学专业委员会副主任

清华大学心理学系副主任，博士生导师（荣休）

清华大学社会科学学院积极心理学研究中心主任（荣休）

从积极心理学理论到积极心理干预

孙沛 / 文

非常高兴安妮主编并领衔翻译的"积极心理干预书系"问世，我也很高兴借此机会，写下我对积极心理学的一些看法和对积极心理干预实践的期待。

一、时代需要科学的积极心理干预

每年的 3 月 20 日是国际幸福日。我们看到，无论地区与文化差异，人们都把幸福作为人生追求的终极目标，人人都想拥有一个幸福的人生。但在实际的学习、工作和生活中，很多人并不知道幸福是什么以及如何获得幸福。中国科学院心理研究所 2023 年发布的《2022 年国民心理健康调查报告》显示，中国人抑郁风险的检出率为 10.6%，焦虑风险的检出率为 15.8%，而 18~24 岁青年抑郁风险的检出率则高达 24.1%。如何治疗人们已经存在的心理问题，预防心理问题的进一步发生，提高全民心理健康水平，是我们亟待解决的重大社会问题。

积极心理学是一门关于幸福的科学，以科学的理论和方法来研究人类积极的心理力量，这些心理力量包括乐观、善良、感恩、热忱、和谐、自律、意义、创造等，如果我们能将所有这些力量挖掘出来并积极运用，每一个个体、每一个家庭和组织，甚至整个社会都将更加繁荣昌盛、快乐幸福。

积极心理学也是一门注重幸福实践的科学。我们不仅需要从事积极心理学的理论研究，还需要研发一系列实用的方法，以此来预防和解决不同个体和组织面临的具体问题。因此，积极心理学从诞生开始就将科学理论和具体实践紧密结合，发展出了多种积极心理干预方法，在心理测评、个人成长、儿童青少年优势培养、组织培训以及抑郁症治疗等领域，都取得了明显的成效，得到了心理学界和社会大众的广泛认可。

在积极心理学诞生前，鲜有经过科学验证的提升幸福感的干预方法。进入 21 世纪后，伴随积极心理学的蓬勃发展，已经出现了数百种积极心理干预方法。本书系重点介绍了那些经过科学验证的积极心理干预方法，相信能够对大家的生活和工作有所助益。

二、积极心理干预的开创之作

所有的个人、家庭和组织机构都面临着一些不可回避的问题：美好的人生、幸福的家庭、积极的组织是什么样的？如何才能提升我们获得健康、快乐、成功和意义的能力？是什么帮助个人和组织蓬勃发展并发挥最大潜能？

"积极心理干预书系"从不同的角度回答了上述问题。我认为本书系有以下几个鲜明的特点。

第一，内容全面。主题包括积极自我、积极情绪、积极动机、积极关系、积极正念、乐观、希望、福流、品格优势与美德等。作为一套积极心理干预的开创之作，本书系涵盖了心理学中的知、情、意、行等主要领域。

第二，有道有术。一方面，这套书虽然是实践手册，但高屋建瓴，对每一种主要的干预方法都用简明的语言介绍了背后的科学原理和已有的研究结论，让读者知其然，也知其所以然，正如中国古人所言："有道无术，术尚可求；有术无道，止于术。"另一方面，本书系的重点不在于阐述理论，而是介绍了众多实用的积极心理干预方法和工具，因此可以说，本书系是既有道、又有术，由于"术"是建立在科学的"道"的基础上的，所以读者们能够举一反三、活学活用。

第三，知行合一。积极心理干预的特点决定了它是以行动和实践为导向的，就是从知到行、知行合一，最后落实到让读者从实际生活中获益。本书系架起了学术与实践的桥梁，将心理学界最新的研究成果与真实世界的具体问题相关联，并指导读者在自己的生活中思考和运用这些基于证据的方法。为了强化实践与行动，每本书都包含了很多的思考、练习和行动指南。

第四，应用广泛。积极心理干预非常适合心理学专业人士，这些理念和方法可以提升非临床服务对象的积极状态以及多方面的能力。目前，积极心理干预也越来越多地应用于临床环境，比如作为治疗精神疾病的辅助干预措施并取得了显著的效果；积极心理干预也可以很方便地被企事业单位所采用，以此来建立积极的组织并提升业绩；本书系也适合个人成长的需求，每一个寻求发展的人都可以从中学到很多提升身心健康水平与收获成功的具体技巧；当然，家长和老师们也完全可以用这些工具来帮助自己的孩子和学生。

三、名家云集的大成之作

本书系是国际上最早的一套积极心理学实用学习手册，也是迄今为止唯一一套系统介绍积极心理干预方法的书籍。

中文版主编和主要译者安妮也是一位资深的积极心理学者。安妮在哈佛大学受过严格的传统心理学训练，此后又在宾夕法尼亚大学学习积极心理学，师从积极心理学的创始人马丁·塞利格曼教授。从 2012 年起，安妮就在中国推广积极心理学，是最早在社会上进行大规模积极心理学培训的学者之一，主题涵盖个人成长、积极教育、积极父母、积极组织等，为积极心理学在中国的普及和发展作出了突出的贡献。此外，在清华大学积极心理学指导师项目尚处于雏形时，安妮便参与课程设计并担任主讲教师，目前这个项目已成为清华大学社会科学学院积极心理学推广的著名品牌。除此之外，安妮还是一位笔耕不辍的作者和译者，原创、主编和翻译的心理学著作已有 10 余本。现在我很欣慰地看到她主编并领衔翻译的"积极心理干预书系"问世，相信这套书能够为中国的积极心理干预作出开拓性的贡献。

综上，我认为本书系是一套科学、实用，而且可读性很强的工具书。我很高兴安妮为读者们奉献了这样一套高质量的书籍。让我们一起努力，每个人都发挥出自己的品格优势，让自己的人生更加丰富多彩、让家庭更加幸福、让社会更加和谐进步。

孙沛

清华大学心理学系副教授，博士生导师

清华大学社会科学学院积极心理学研究中心主任

积极心理学，重在行动

赵昱鲲 / 文

祝贺安妮主编并领衔翻译的"积极心理干预书系"出版！

安妮和我是宾夕法尼亚大学应用积极心理学硕士的同门。这个项目是由"积极心理学之父"马丁·塞利格曼创建的，英文叫 Master of Applied Positive Psychology，简称 MAPP。我还记得我们班毕业时，塞利格曼问我们："M、A、P、P，这 4 个字母，哪一个最重要？"

大家都回答说："第一个 P，Positive，也就是积极，最重要！"

因为我们都知道，塞利格曼发起"积极心理学运动"，初衷就是为了平衡传统心理学过于重视负面、过多强调治疗的倾向，因此提出也需要看到人类的正面心理，也需要用严谨的科学方法研究如何帮助人度过更加蓬勃、充实的一生。那么，"积极"当然就应该是我们这些应用积极心理学硕士们最需要记住的关键词。

但是塞利格曼说："不对，应该是 A，Applied，应用。"

为什么呢？他解释说：积极心理学是一门科学，因此必须有严谨的科学研究做支撑。但是，积极心理学不同于其他学科的是，它与每个人的生活都紧密相连。因此，仅仅发表学术论文是不够的，更重要的是把它应用出去，让每个人都能从中获益。

所以，他经常说："积极心理学，至少有一半是在脖子以下。"也就是说，积极心理学要以行动为主。

无独有偶，积极心理学的奠基人之一克里斯托弗·彼得森也在他编写的世界上第一本积极心理学教材里说："积极心理学不是一项观赏运动。"他在来宾夕法尼亚大学给我们应用积极心理学硕士授课时解释说，积极心理学并不是让大家拿来阅读、欣赏的，而是要靠大家亲自下场，在自己身上实践的。

安妮主编的这一套书正体现了老师们的这一精神。安妮在哈佛大学获得了心理学硕士学位，学习期间受到积极心理学的感召，又到宾夕法尼亚大学完成了应用积极心理学的硕士学位，过去十几年，她在从事学术研究的同时，始终把重心放在实践上。

这一点在中国也特别重要。由于"积极心理学"这个名字听上去和心灵鸡汤、成功学太像，甚至一些人在宣讲积极心理学时也会有意无意地向心灵鸡汤、成功学靠拢，或者有些心灵鸡汤、成功学领域的人给自己套上积极心理学的包装，因此，确实很多人对积极心理学有很大的误解，觉得积极心理学就是忽悠，就是给人打鸡血，其实没有什么用。

因此，"积极心理干预书系"的出版就特别有必要。这个系列涵盖了积极心理学常用的主要干预方法。作者都是在该领域中深耕多年的专家，内容既有理论深度，值得读者思考，又饶有趣味，中间还有很多个人故事和用户案例，可读性很强。当然，最重要的是，它们提出了针对人生各个方面的可以操作的方法，共同构成了一套拿来就可以用的积极心理干预体系。这套书出版过程中，安妮带领团队几易其稿，精心翻译和编辑，使其没有译著常见的语言磕磕绊绊甚至难以理解的现象，让读者有良好的阅读体验。此外，安妮还为每本书的每一周都撰写了导读，将书籍内容深化、通俗化、中国化、落地化，更加贴近中国读者需求。"积极心理干预书系"今后还会有更多优秀的书籍充实进来，相信这个书系会成为一个响亮的品牌，为中国积极心理学的推广作出贡献。

所以，我也很高兴在这里推荐这个书系，希望大家可以把这套书拿去，用在自己身上、用在其他人身上。相信这套书将帮助我们共同提升人类福祉，建设一个更美好的世界。

赵昱鲲

清华大学社会科学学院积极心理学研究中心副主任

人人都可获益的幸福实践课

安妮（Annie R. Liu）／文

为什么在众多心理学和积极心理学的书籍中，我们需要这套"积极心理干预书系"？

最近二十多年，中国掀起了积极心理学的热潮。但也有人对积极心理学持保留态度，认为积极心理学不实用，不能解决已经出现的问题。如果你对积极心理学持有这种看法，那你更需要阅读这套书，因为积极心理干预就是预防和解决问题的一套实用方法。

一、什么是积极心理干预

积极心理干预的英文是 Positive Psychology Interventions, 简称PPI。到目前为止，并没有一个"唯一"的对积极心理干预的定义。帕克和比斯瓦斯–迪纳将积极心理干预定义为"一种成功地增加了一些积极变量的活动，并能够合理且合乎伦理地应用于任何情境中"（Parks & Biswas-Diener, 2013）。他们认为，积极心理干预要有3个特征：第一，关注积极的话题；第二，以积极的机制来运作，或以积极的结果变量为目标；第三，旨在促进福祉，而非修复弱点。辛和柳博米尔斯基指出，积极心理干预"旨在培养积极的情绪、积极的行为或积极的认知"（Sin & Lyubomirski, 2009）。纳维尔则认为，积极心理干预是基于理论和证据的技术或活动，旨在积极地改变个人、团体或组织成员的思想、情绪和行为，以提高他们的快乐和幸福水平（Nevill, 2014）。

综合学者们的定义，我为积极心理干预做了一个操作化的定义：积极心理干预是一些基于科学理论和证据而有目的地设计和实施的方法与活动，旨在促进个人、群体或组织在认知、情绪与行为等方面发生积极的改变，以提升人的身心健康、生活质量与幸福感。

二、积极心理学的新范式：从理论到干预

从积极心理学到积极心理干预，是一个从理论到实践的范式转变。有哪些干预方法是科学的、有效的，如何在实践中进行可行并有效的操作，这是全世界的积极心理学人正在探索的课题，也是中国心理学界需要回答的问题。

目前，世界各国的心理和精神健康从业人员、教练和培训师们都在大量地运用积极心理干预。比如在美国，心理学家、心理咨询师、心理治疗师以及临床社会工作者们，都在运用积极心理干预帮助人们提升心理状态和生活质量；生活和职场教练们更是以积极心理学为理论和技术背景，帮助人们在生活或职场中取得成功；在组织和管理领域，无论是

建立积极学校、幸福企业，还是培训政府机构、军队、运动队，人们都在大量运用各种积极心理干预方法；精神科医生、心理健康执业护士以及其他领域的健康工作者们也在采用积极心理干预治疗病人；在其他致力于提升身心健康、生活质量和幸福感的领域，比如家庭、社区组织、养老机构、孩子的校外活动等，人们也都在运用积极心理干预。

因此，积极心理干预不仅具备前沿性和社会需求性，也能引领职业发展。如果你的职业与上述任何领域相关，这套书籍和课程应该能够强化你的知识、提升你的技能，让你保持在职业发展的前沿状态。当然，从理论到干预方法的范式转变仅靠一套图书显然是远远不够的。不过这是一个良好的开端，我们希望这套书不仅能够普及积极心理干预的知识，也能作为一套课程搭建起中国积极心理干预的培训体系。

三、为什么积极心理干预适用于每个人

1. 科学、循证：对别人有效，对你同样有效

与随意想出的"成功的四大原则""幸福的五个方法"之类的自助教程不同，"积极心理干预书系"中的方法基本上均来自科学的循证研究，研究过程和结果通常可以被其他人复制和验证，也就是说，如果这些干预的步骤和方法对别人有效，对你所在的人群也应该是有效的。书系介绍的干预策略、方法、活动和练习都是有科学依据的，因此是值得信赖的。

2. 应用更广泛：面向大众和日常生活，亦可作为临床治疗的补充

所谓干预，就是非自然的、有意进行的、希望带来改变的行为。比如，孩子如野草般自然成长不叫干预，送他们到学校学知识和文化、对他们的攻击性行为进行批评教育时，才是实施了干预。

积极心理干预就是有目的地设计和实施的、旨在给个人和团体带来积极改变的实用方法。从这个角度来看，积极心理干预包括了积极的教育、辅导、咨询以及治疗。也就是说，积极心理干预既包括对非临床的"正常人"的教育和辅导，也包括对出现了一定心理困扰的人的咨询，还包括对已经出现了心理问题的群体的积极心理治疗。

本书系主要是针对非临床人员以及有一些心理困扰者的教育、辅导和咨询。这套书主要帮助大众在日常生活中进行自我提升，以及帮助"正常人"和亚健康人群在出现问题和处于情绪低潮期时进行心理调整。当然，对于需要医疗介入的临床人员，也可以将本书系中的方法作为心理治疗的补充。本书系还有另一本书《生活质量疗法》，其中的理论和方法则既适用于非临床人员的辅导和咨询，也可对临床人员进行积极心理治疗，是积极心理干预的另一条新路径。

3. 适用于多种情境：可运用于个人、群体或组织

积极心理学是使个人和团体蓬勃发展的关于优势与幸福的科学。积极心理学最初关注的就是三个核心问题：积极的情绪、积极的个人特质和积极的组织（Seligman, 2002），前两者是有关个人的，后者是有关组

织的。同样，积极心理干预既可以用于个人，可以用于家庭、社群等群体，也可以用于学校、企事业单位等组织机构，具体的实施情境可以是个人成长、身心健康、家庭关系、夫妻关系、亲子关系、学校建设、企业和组织机构建设，以及社区建设等。

本书系适用于与上述各种情境相关的人群，例如：

- 心理咨询师、辅导师、培训师、教练、心理医生等专业的助人者；

- 教师、家长、管理者等需要教育、管理和指导他人的人；

- 追求身心健康、个人成长与幸福的人士。

4. 积极正面的导向：旨在提升幸福，而非修复弱点

积极心理干预更多地聚焦在积极的方面并带来正向的成长，而不是聚焦在消极方面，仅仅修复弱点和减少问题。"去除负面"和"提升正面"是既有联系又相对独立的过程。消除了心理疾病，不见得就拥有了健康有活力的身心状态；改正了缺点，不等于就自动拥有了长处和美德；减少了问题，不意味着拥有了幸福感。

本次出版的 5 本书，着力点不在于治疗疾病和改变缺点，而是提升个人、群体与组织的身心健康、生活质量和幸福感。比如，《快乐有方法》通过 12 个积极干预策略来提高人的积极情绪和幸福感；《积极的自我》通过叙事疗法帮助人们理解与提升自我，从而变得更自信、充实；《积极的动机》通过帮助人们建立积极的、自我协调的内在动机，充满活力地

投入生活，获得成功和幸福；《积极的正念》则分享感受世界的正念方法以及一系列身心调节的技术，让身心变得更健康、生活更有质量、幸福感更强。因此，无论你目前处在什么样的状态，只要你希望获得正向的成长，只要你是一个追求身心健康、生活质量和幸福感的人，这套书都适合你。

5. 简约可行，随时随地可学可用：为期 6 周的幸福提升课

本书系虽然由名家撰写，却不是故作高深之作，也不是知识高度浓缩的心理学教科书，而是一套高质量的"幸福提升课程"。本书系中的理论部分讲得"简约而清淡"，很容易理解和消化，更侧重方法的介绍和实践的引领。读者们在书中会看到大量的方法和练习，可以学到很多具体的"怎么办"。重点是，这些方法实操性很强，随时随地都可以用起来。

本书系中的 5 本书，每一本书都是 6 堂课，咨询师、辅导师、培训师等专业人士可以直接将这些课程转化为培训内容和教材；管理者可以将这些课程作为企业文化建设或者组织团建的内容；教师几乎可以直接将本书作为讲义，加上贴合自己学生情况的案例即可；家长们也可以用这些课程辅导自己的孩子，并跟孩子一起成长；当然，每一个追求成长的个人都可以将这套书作为自助练习，循序渐进地自我提升。如果每周认真学习一堂课，那么 6 周之后、30 周之后，您或您的客户、来访者、员工、学生或孩子，将会发生明显的积极改变。

四、幸福的遇见与分享

我在哈佛读研究生时，通过选修泰勒·本－沙哈尔（Tal Ben-Shahar）的积极心理学课（著名的"哈佛幸福课"）而了解了马丁·塞利格曼（Martin Seligman）、埃德·迪纳（Ed Diner）、索尼娅·柳博米尔斯基（Sonja Lyubomirsky）等积极心理学大师，并受到他们的感召而赴积极心理学的大本营宾夕法尼亚大学修读应用积极心理学硕士。本书的多位作者都是我经常在积极心理学课堂和会议中遇见的学者，后来我得知罗伯特·比斯瓦斯－迪纳（Robert Biswas-Diener）组织出版了这套书，于是非常欣喜地将这套书（也是全球唯一的一套积极心理学工作手册）引进中国。

我非常珍惜这套书。在这套书的翻译过程中，我和翻译团队先后四易其稿。在出版之前，编辑们对本套书又进行了细致的校对和编辑。翻译是无止境的，由于水平所限，本书一定存在不足之处，但希望读者们能够感受到我们在"信、达、雅"方面所做的努力。

在编辑此书的过程中，我们也努力做到用心。文中的每一个典故我们都去认真查证；特别不符合国情之处，我们在不影响原意的情况下，进行了少量的删改；鉴于积极心理学的发展日新月异，一些已经过时的信息，包括作者的信息，我们都进行了更新；除此之外，在每本书的每周开头，我都撰写了主编导读，目的是：

● 帮助读者更加了解作者及本书创作的背景；

● 补充最新的知识，保持这套书的前沿性；

- 从更广泛的意义上解读某些概念、理论或方法，让读者能够超越某一周的内容，在更大的背景中理解知识，获得整体感；

- 联系社会现实，对接中国文化，比如将书中的内容与攀比、焦虑、内卷、躺平等当下热议的话题相关联；

- 澄清可能的模糊之处，或以更加符合中国人思维的方式来解读那些可能会让读者感到困惑的重要理论或方法。

由于本人水平有限，加之时间紧迫，导读中有任何不妥或不准确之处，敬请各位同行及读者批评指正。

先后带领几班人马数度翻译和修订这套书，对我的坚毅力是一种考验；出版之前，在诸多生活事件发生的同时，我需要在较短的时间内完成书籍的再次校对并撰写导读，这对我的心理韧性也构成了挑战。不过，这套书助力我在压力下保持积极乐观的心态，我也深深地享受阅读和修订这套书的过程。希望你和我一样享受这套书，从阅读和实践中学到让自己的人生充实和幸福的方法，并亲身体验到积极心理学和积极心理干预带给你的精神力量。

安妮（Annie R. Liu）

哈佛大学心理学硕士，宾夕法尼亚大学应用积极心理学硕士

师从积极心理学创始人马丁·塞利格曼

积极心理学教育研究院副院长

邮箱：yxxy_edu@163.com

目录　CONTENTS

POSITIVELY PSYCHOLOGY

第 1 周

快乐速成课

主编导读

你是否希望自己和家人能够更快乐、更幸福一些？

你关心的人中是否有人对生活不满意？是否有人抑郁？有人焦虑？

如果你对上述任何一个问题的回答是肯定的，那么这本书就是为你而写的。对很多人来说，快乐与幸福并非是一种与生俱来的感受，而是一种需要学习和培养的能力。

那我们该如何获得快乐与幸福的能力呢？

索尼娅·柳博米尔斯基教授是研究快乐和幸福的一流专家，尤其擅长以科学的方法对幸福科学中的一些抽象概念进行定量研究。我每一次参加国际积极心理学大会都会见到柳博米尔斯基教授，每一次她都会带来新的研究成果。可以毫不夸张地说，柳博米尔斯基教授的研究推动了心理学界和社会大众对快乐与幸福的认知和实践。本书的另一位作者杰米·库尔兹（Jaime Kurtz）也是一位优秀的学者，在积极心理学、社会心理学、人格心理学等领域有着很深的造诣。

虽然市面上有很多有关快乐、成功与幸福的书籍和课程，但我们最好是把有限的时间花在有科学依据、有实证基础（evidence based）的书籍和课程上。我本人最喜欢的就是由学养深厚的学者们所撰写的科普读物，这样的著作不仅会使我们免于被错误的或者想当然的内容所误导，而且能让我们与国际一流的研究和实践成果接轨。本书就是这样一本既有科学理念又着重实操方法的著作。

这里要说明一下，本书是一本探讨"happiness"的书。在英文里，"happiness"既可翻译为"快乐"，也可翻译成"幸福"。但实际上，"快乐"与"幸福"是两个不同的概念，幸福的内涵要比快乐更为宽泛，除了快乐之外，还包括成就、关系、意义等。在英文中，表达幸福的词汇除了"happiness"之外，还有"well-being"。在翻译本书的过程中，我们对"happiness"一词根据上下文的语境作出了灵活的选择，有时翻译为"快乐"，有时翻译为"幸福"，偶尔也翻译为"快乐与幸福"，目的都是让读者能够更简单直接地理解书中的含义。

对中国的读者来说，为了能最大程度地获益，我建议您在读这本书时，尽量将国际前沿的心理学研究与中国的文化以及自己的实际生活相结合，融会贯通、学以致用。比如，本书第一周中介绍了丹尼尔·吉尔伯特（Daniel Gilbert）教授提出的情感预测理论。那么，这个理论跟我们有什么关系呢？

不妨想一想，你是否曾觉得一旦失恋或者离婚了就再也找不到幸福了？是不是觉得如果考不上重点大学、找不到理想的工作就没有前途了？如果你曾经有过类似的想法，那你很可能就是在用负面的情感预测"预支焦虑"。结果往往是，那些预想中可怕的"坏事"迟迟没有发生，你却白白地被很多无谓的焦虑内耗；或者，那些"坏事"真的发生了，但你发现，其实它并没有你想象的那么可怕。比"坏事"本身带来更多负面影响的，是你对坏事的提前恐惧，即负面的情感预测，就像美国前总统罗斯福曾经说的："唯一值得我们恐惧的，是恐惧本身。"（The only thing we have to tear is fear itself.）所以，如果我们真正读懂了情感预测理论，它不仅能帮助我们更加快乐，也能帮助我们减少焦虑。

此外，希望读者们也能把这本书放在更广阔的背景上来阅读和学习。本书强调积极情绪的重要性，事实上，消极情绪和积极情绪对人类都是有意义的：消极情绪有利于我们生存，而积极情绪则有利于我们发展。因此，我们要看到并理解消极情绪的积极意义，与此同时，也要发掘并提升我们的积极情绪。本书是一本专门探讨如何发掘并提升积极情绪的书，同时也介绍了当我们无法适当处理消极情绪时，消极情绪会如何降低我们的快乐与幸福。

接下来，就让我们追随两位学者的脚步，一起开始这段追求快乐与幸福的旅程吧！

欢迎来到我们的快乐课堂！毋庸置疑，几乎每个人都想变得更快乐、更幸福。正如你可能知道的，媒体和大众文化常常向我们灌输夸大其词而又言之凿凿的关于如何变得更快乐的信息，这类信息使人相信——快乐能够在购物车、美食街或度假沙滩上找到。但现实却是——人们患上抑郁的比例猛增，离婚率也在增加。因此，相比于过去，现在的人们更加迫切地希望找到提升幸福感的途径。

那么，我们怎么才能知道哪些做法是真正奏效的呢？在本课程中，我们将会呈现在提升和保持快乐方面最新的科学发现。第 1 周，我们将带你进入一堂快乐速成课，与你分享有关快乐的最新科学研究成果。在随后的几周里，我们将一起讨论 12 种具体的策略，告诉你为什么这些策略能够奏效，并帮你找到适合你、你的客户、同事、你的学生或孩子的不同策略和活动。我们也将告诉你，如何在多元化的生活环境和生活领域中通过切实可行的方法具体实践上述建议。本书呈现的一些方法参考了索尼娅·柳博米尔斯基的《幸福有方法》（*The How of Happiness*）。

或许你跟很多人一样，对人们是否能"变得更快乐"抱有怀疑。另一些人则认为，增进积极的情绪是可能的，因此我们应该更关注"提升"

而不仅仅是"享受"快乐。正如你在接下来的课程里将会看到的，快乐与更多的投入、更佳的健康、更好的人际关系以及其他很多令人向往的结果有关。因此请记住，此课程呈现给大家的关于幸福的技巧不仅仅关乎如何使自己"感觉良好"，也与如何变得更成功，如何在职场和家庭中过上更令人满意的生活密切相关。

快乐是什么？

当心理学家们谈论**快乐**（happiness）或者**主观幸福感**（subjective well-being）的时候，他们指的是——体验到很多的积极情绪、很少的消极情绪以及"生活既美好又有价值"的感觉。快乐或主观幸福感可以被视为一个概括性术语，它包括低强度的积极情绪（如平静）、高强度的积极情绪（如喜悦、欢快）以及所有介于这二者之间的积极情绪。但重要的是，一般来说，每个人在希望达成怎样的快乐这一点上是不同的。

什么样的人更快乐？

我们即将分享的策略来自大量对"快乐人士"的思考方式和行为方式的研究。与他人关系的质量是预测一个人快乐与否的最有力因素之一。

- 快乐的人拥有牢固的社会支持，他们愿意花时间和精力呵护、维持人际关系；

- 他们还表现出亲社会行为，乐于为他人提供帮助，并时常表达感激之情；

- 他们认为生活有意义，并且朝向目标努力；

- 他们对未来持乐观态度，进行体育锻炼，并努力活在当下；

- 快乐的人并不是盲目乐观或无视客观现实，事实上，他们的生活中也有压力（因为那些"看清了生活的真相却依然热爱生活"的人通常都与他人和生活有着紧密的联系），甚至可能也曾经历过创伤和危机，但是，他们却拥有应对生活困境和挑战的能力。

你想成为一个更快乐的人吗？对于"追求"快乐，你有什么不同意见吗？你对帮助他人"变得"更快乐有什么想法吗？请将你对上述问题的回答写在这里。

为什么要快乐？

在开始之前，我们将试着回答一些可能此刻正萦绕在你脑海里的一些基本性问题。首先，你可能在想，变得更快乐是否一定是一件好事？确实，做个快乐的人可能会感觉良好，但是，也有些很快活的人缺乏改变生活的动机，或对他人的困境缺乏同情心，或是自私和自恋，不是吗？此外，你的快乐程度不是很难被改变吗？然而，这是一些普遍存在的误解，已有无数的心理学研究为我们揭示了真相。

快乐给我们带来很多益处。快乐的人往往有更多的朋友、更满意的社会互动，离婚的可能性也更低——这并不令人意外。快乐的人就是让人与之相处时更愉快；在身体和精神健康方面，快乐的人有更强健的免疫系统，能更有效地应对压力；而且令人惊喜的一点是，他们甚至活得更长久，人们从一项以修女为研究对象的纵向研究中得到了这个惊人的发现。

研究者们获得了 180 份简短的自传，这些自传是一些女子在即将进入修道院时写下的（当时她们的平均年龄为 22 岁）。专家们分析了自传材料里表达的积极情绪的频率，他们发现，在 50 多年前表现出积极态度的修女们，80 多岁和 90 多岁时依然健在。具体地说，当年最快乐的修女（约占总人数的 1/4），其中 90% 的人在 85 岁时依然健在，而最不快乐的修女（约占总人数的 1/4），只有 34% 的人活过了 85 岁；在最快乐的修女中，有 54% 的人，94 岁时依然健在，而最不快乐的修女中，只有 11% 的人，94 岁时依然活着。

● 请对上述的研究结果进行思考。对快乐能延长寿命这一结论你感到惊奇吗？为什么？

● 为什么快乐能延长人的寿命？对此你能想出哪些解释？（请注意，这些修女们有相似的生活方式、做相似的工作、生活中承受的压力相差不大、饮食习惯相近，等等。）

对以上发现的一个可能的解释是，那些快乐的修女们有能力抵御压力和负面因素带来的消极心理影响。苏珊娜·西格斯托姆（Suzanne Segerstrom）和她的同事们发现，相比同龄者中较不快乐、更为悲观的同学们，那些更加快乐、乐观的学生在充满压力的时期（如期末考试时）出现的健康问题更少——快乐的人更善于应对生活中的种种问题。

快乐的人除了更健康和更适应社会外，他们也更具有创造性。在与职场相关的研究中，心理学家爱丽丝·伊森（Alice Isen）的研究表明，当人们处于积极的情绪状态中时，他们针对问题能拿出更有创意的解决方案，更能够以"跳出旧框框"的方式去思考问题。例如，快乐的人更能够发现寻常之物的新奇用途，比如用曲别针完成各种新奇的创意。为什么会这样呢？从进化的观点来看，快乐可能成为一种信号——它告诉人们，外在环境没有迫在眉睫的威胁，你可以安心地去探索。从这个角度来看，快乐能激发人们对自己所处环境的兴趣和探索。

与积极情绪相对，消极情绪发出这样一种信号——外在环境有点不对劲，需要即刻应对和处理，由此激发一种思考方式上的"应战"模式。研究发现，当人处于悲伤的情绪中时，他们会更加聚焦于问题，思考方式也更加循规蹈矩。这种思维模式对执行某些特定的任务当然是有益的，比如报税或者解决数学问题；但是当现实需要拿出新奇的、有创造性的解决方案时，一份乐观的心态显然是更有益的。这是在职场中需要提升幸福感的原因之一。

芭芭拉·弗雷德里克森（Barbara Fredrickson）关于积极情绪的拓

展与建构理论（The Broaden-and-build Theory）令人信服地指出，积极情绪（如快乐、喜悦、兴趣、自豪等）对于创造和维系那些给人们生活带来成功的因素是至关重要的，这些因素包括良好的社会关系和开展具有建设性的工作等。根据这个理论（以及前面提到的爱丽丝·伊森的研究），积极情绪帮助我们开启新的思维方式，激励我们探索世界，并提升我们对新思想的好奇心以及对他人的兴趣。由此，**积极情绪为人们建构了重要的资源**。该理论的核心是"螺旋式上升"（upward spiral），即积极情绪催生出越来越多的积极情绪。例如，如果你觉得快乐，你可能就会对"学一门感兴趣的课程"这样的想法持开放态度——在该课程中，你会发现自己兴致勃勃地学习了新东西，同时还交到了一些新朋友。这样的积极体验会创造出更多的积极情绪，它可能会激励你更进一步的探索，对所置身的世界和他人产生更多的兴趣，由此产生更多的积极情绪，形成一种正向循环。在这样的良性循环中，积极情绪并不仅仅是令个体在当下感觉良好，它们还可以不断地创造和维持积极体验，催生出更丰富的积极情绪。当我们接下来讨论具体的积极干预方案时，请记住"螺旋式上升"这个概念。

综上所述，快乐并不仅仅是"感觉良好"，它给个体、家庭、职场和社会来了广泛的益处。如果此前的你曾对此抱有怀疑的话，我们希望现在的你相信：**提升快乐是一个值得努力的目标**。那么现在的问题是，你应该怎样去提升快乐和幸福感呢？这就是我们将为你呈现的内容——如何让你在未来的漫长岁月里，真正成为一个更快乐的人。

1.3 练习：让你快乐的 5 件事

很多人都自发地找到了一些让自己人快乐的方法。如果你有自己的一套"如何变得更快乐"的理论和方法，请花一点时间列出 5 件你认为能够使自己更快乐的事情。

在列出下面这个清单时，请对你打算拟出的内容仔细地想一想。

- 你期望的改变是关乎人生的大事件吗，比如迁居到一个大城市或是结婚？或者，你期望的改变是比较小的事件，比如参加更多的体育锻炼，或者花更多的时间与朋友在一起？

当我们不开心时，或身处某种特定情境且并未如我们所愿时，我们普遍存在的倾向是将自己的不开心归咎于某种外部原因。例如你花费一笔"巨资"买了一套新的影音系统，而这套新设备却并没有给你带来期待的快乐值，你可能会告诉自己，这是因为新音响还需要调试；当浪漫的爱情渐渐熄灭了最初的火花，我们会把这归咎于这段感情关系不合适，或是伴侣不够完美。我们很少会意识到，我们自身的情绪或情感体系天生被赋予了这样的特点：随着时光的流逝，任何新奇感和兴奋感都会被渐渐消磨，成为明日黄花。事实上，通向持久快乐与幸福之路的绊脚石之一，正是我们缺乏对自身情感体系运转机制的认识。

情感预测（affective forecasting）是心理学家丹尼尔·吉尔伯特（Daniel Gilbert）和蒂姆·威尔逊（Tim Wilson）提出的，它指的是一种预测的过程，即预测自己对未来的情景将拥有何种感受。请从这个角度仔细想一想，我们的绝大多数决定（不是所有决定），无论是大是小，都是基于这一决定将带来何种感觉的预测：

"我应该嫁给史蒂芬吗？"

"今年我应该去海滨度假还是去山区度假呢？"

"我该点一份巧克力冰激凌还是草莓冰激凌呢？"

遗憾的是，研究表明我们并非总是擅长准确地预测我们的感觉。

请举例说明，你曾经对自己的未来作出哪些不准确的情感预测？你觉得你预测错误的原因是什么？你从这些经验中吸取教训了吗？你因此学会了如何避免对未来的感受作出类似的错误预测吗？如果你吸取了教训，得到了哪些启示？如果你没有吸取教训，又是为什么呢？

解释情感预测误差的一个很有说服力的原因被称作**影响偏差 (impact bias)**。简言之,当人们预测未来的感觉时,往往会过高估计单一事件在未来产生的影响,同时也低估了生活中继续存在的其他事情的影响。一项由蒂姆·威尔逊和同事开展的研究发现,大学生们通常会显著地高估校足球队赢得或输掉一场比赛对他们心情的影响程度和时长。他们认为,如果本校球队赢了,他们会(比实际的情况)更加快乐,而如果校队输了,他们会(比实际的情况)更加难过;他们还认为比赛结果影响自身情绪状态的时间会很长,而实际情况并非如此:如果要求他们去设想并写下这场比赛结束后的日常生活内容,包括课堂生活、社交活动和赛后派对等,过高估计比赛结果所带来的影响就会明显减弱,因为他们写日记时会更多地考虑常态生活的内容,就不太会把比赛结果及其带来的影响视为好像发生在真空里的独立事件。

解释情感预测误差的第二个原因是一种叫**享乐适应 (hedonic adaptation)** 的有害过程。我们常会忘记,很多事情随着时间的推移会失去对情绪的影响力。如果你预测一台新的高清电视能让你快乐,你很可能忘记了一个事实:你也会很快失去新电视带来的新鲜感。不仅如此,新入手的这台高清电视将很自然地成为你衡量电视品质的新标准,原有的视听体验将不再能满足你,从看电视这件事情当中得到乐趣和满足的条件相比拥有新电视之前要加码了。这个例子诠释了享乐的适应性循环,这也是人们寻求持久的快乐与幸福时面临的一个重要障碍。请记住上述这个结论，我们稍后讨论如何实施增进幸福感的策略时，还会再次回顾这个观点。

总之，我们认识到自己的知识是有限的，这些局限使我们很难确切知道怎样做才能让我们获得幸福。情感预测研究表明，通向真正的幸福之路是幽暗不明的。然而，随意浏览一下当地书店的自助类书架，你就会发现，自以为有能力教导别人变快乐的作者比比皆是，而通常他们在书中罗列的建议既平淡又陈腐。一本国际畅销书为人们提出的建议可以浓缩为一个概念，即"吸引力法则"。遵循"吸引力法则"，我们就可以心想事成，让拥有名牌包或邂逅理想丈夫的梦想成为现实。

类似"吸引力法则"之类的建议存在哪些问题呢？让人们对自己和自己的前景感觉良好，这有什么危害吗？问题之一就是：这类"法则"的提出和论证通常仅来自作者或一小部分人的特殊个人经历。正如我们接下来将讨论的，诸如写日记、每周去教堂或参加马拉松训练这类活动，对你或我可能是很奏效的，但是要把这类快乐之道推广到更广泛的人群时，就需要进行科学研究，认真研究不同策略对不同特定人群的作用。**我们在本课中展现给你的快乐之道，全部经过了实验数据的检验。**这些快乐法则的有效性经过大量人群的亲身检验（被试的主体是大学生和网络社区成员，也有一些是临床治疗中年龄更大的成人），研究者们常采用纵向积极干预的实验方法，引导实验参与者把多样化的认知策略和行为改变融汇到日常生活中，在一个更长的时间段内提升幸福感，促进整体生活品质的优化。这类实验是对传统实验室干预模式的超越。

你有多快乐？

积极心理学领域最具价值的研究成果之一，是为这类复杂的概念（如感恩、正念、灵感和快乐等）提供了数量可观的且可靠的测量工具。在过去的几十年里，研究者试图用单个问题测量快乐，这类问题大概是这样："总体来说，这些天你感觉过得怎么样？"尽管这种问题的答案确实在不同的个体和不同的群体中出现了诸多有趣的差异，但它们过于简单，非常不可靠，并且对各种不同的理解与回答没有作出精准的鉴别。尽管对快乐的测量天然带有主观性（的确，快乐和主观幸福感经常混用），新近的研究者们已经研发出了更为有效、信息量更丰富的测量方法。这些新的测量方法的适用人群更为多样化，适用范围也更广泛，可同时对生活总体满意度和自然的积极性（natural positivity）进行测量。

以下是最常用的一种快乐测评法——《主观幸福感量表》。请花几分钟完成量表。

主观幸福感量表

对下面呈现的每一个陈述或问题，请选定你感觉与自身情况最相符的状态，在相应的分值上画圆圈。（请细读每项测量的分值的含义）

1. 总体上，我认为自己：

1　　2　　3　　4　　5　　6　　7

不是一个很快乐的人　　　　　　　　　是一个很快乐的人

2. 与大多数同伴相比，我认为自己：

1　　2　　3　　4　　5　　6　　7

没有他们快乐　　　　　　　　　比他们更快乐

3. 有些人总是很开心。无论发生了什么，他们都能享受生活，充分体会生活给予的各种美好。你觉得这种状态是否符合你的情况？

1　　2　　3　　4　　5　　6　　7

完全不像我　　　　　　　　　非常像我

4. 有些人总是感到不开心。尽管他们并未抑郁，但他们似乎总是达不到本该有的快乐状态。对照这样的描述，你认为自己的情况是怎样的呢？

1　　2　　3　　4　　5　　6　　7

非常像我　　　　　　　　　完全不像我

用以上的《主观幸福感量表》给自己打分，然后把你所圈出的 4 个数值加起来并除以 4。

你的得分应该是从 1（很不快乐）到 7（很快乐）。为了让你有所对比，我们已知该量表的平均分在 4.5~5.5——大学生们所得的分值在这个分数区间的低端，较为年长者的分数在这个区间的高端。所以，当你想找出自己的问题所在时，请把这个人群差异考虑进去。而对于自己的分值与平均分之间的差异，无须过于忧虑。我们想要表达的信息是：你可以运用在本书中所学到的策略，把自己的快乐分数提高到平均水准之上！不过，这个目标真的可行吗？希望获得持久的快乐，真的可能吗？

你能变得更快乐吗？

不可否认，一些研究者抱有相当悲观、消极的态度，把快乐视作很难（即使并非不可能）真正改变的一种先天特质。近年来，行为遗传学领域的研究取得了令人瞩目的丰硕成果，这个开创性领域已经开始对存在争议的"人的自然禀赋与后天教养的关系"提出了洞见。例如，如果你是个性格外向的人，是因为你继承了外向性格的遗传基因吗？还是仅仅由于在你的成长过程中，身边有很多性格外向的榜样呢？换言之，你性格外向的原因是来自你的基因还是环境呢？我们究竟如何得知其中的玄奥呢？

研究者们通过研究双胞胎来帮助解答类似的问题。正如你可能知道的，同卵双胞胎的遗传基因高度相似。绝大多数的双胞胎又是在同一个家庭里长大的，所以他们的生活环境通常也是非常相似的，比较少见的情形是分开长大的同卵双胞胎。明尼苏达大学的研究者们发现了一些这样的同卵双胞胎案例，他们从出生起就被分开，在不同的家庭长大成人，通常居住的地方也相距甚远。学者们对这些双胞胎进行了多年的追踪，这些在不同环境里长大的同卵双胞胎为心理学家们提供了揭示多种特质的遗传因素的信息宝库。例如，两个同卵双胞胎男孩，他们从一出生就被分开，直到 39 岁时才重聚，研究者发现这对双胞胎兄弟生活中的相似点多得惊人：他们都曾娶过名叫琳达的女子，都离了婚，之后又都和名为贝蒂的女子结了婚；他们抽同一个牌子的香烟，开的车是同一车型，都有咬指甲的习惯，他们的爱犬都叫托伊；此外，与本书相关的是，他们的快乐程度也相似。换言之，如果知道双胞胎中一个人的快乐水平，那么你可以相当准确地预测出另一个双胞胎的快乐水平，哪怕他们是在远隔千里的地方分别被抚养成人。

乍一看，这样的结论似乎是令人沮丧的：你的快乐水平受制于先天遗传，完全不是你自己能掌控的。但事实并非如此。快乐研究者们倾向于认为，**每个人都有一个快乐"设定点"或基线，这个"设定点"或基线仅有 50% 是由基因决定的。**人们的体重为基因的制约提供了另一个佐证。一些人似乎不费什么气力就能保持苗条的身材，吃东西不忌口，也不锻炼，而他们的体重却神奇地保持在适度的范围里；而其他人则不得不沮丧地面对这个事实：为了维持健康的体重，他们需要努力克制食欲，吃东西小心谨慎，还要坚持锻炼。很可能，这两类人基因中的体重设定点有着很大的差异，相比第二类容易肥胖的人，第一类人的体重能轻松地保持在正常的数值范围内，不易滋生赘肉。然而，正如亿万美元的节食和健身产业不断提醒我们的：积极主动的行为习惯能帮助我们控制自己的体重。这一点也同样适用于提升我们的快乐：一部分人的确天生比其他人更加快乐，但是，每个人都能学习并学会提升快乐的策略，从而超越由基因控制的"快乐基线"，变成一个更加快乐的人。

让我们来回顾一下。现在你已经知道，你的快乐程度大约有 50% 是由基因决定的，另外的 50% 则是由你的生活境况决定的。这"另外的 50%"包括你的基本人口信息（如性别、年龄、种族）、个人经历（如过去所经历的挫折和成就）、个人生活状态（如婚姻状况、受教育水平、健康及收入）、你的身体特点和居住地的条件。如果你坐下来写一篇非常简短的自传，它可能会包含很多有关你生活境况的信息。总之，在你的快乐指数中，还有 50% 是由遗传因素之外的其他因素决定的。

回想一下，你之前列出的能让你快乐的事件清单。在增进快乐的清单中，是否包含你的生活境况的变化（并非只是某一特定的经历或者活动）？

如果你在增进快乐清单中主要列出的是生活境况的改变，你的想法很可能错了。生活境况的改变对一个人快乐程度的影响仅占 10%！这一结论似乎很令人惊讶，但请静下来想一想，你是否希望自己生活在一个气候更温暖的地方？你认为这个改变会让你更快乐吗？你觉得这样将会有更多的机会体验大自然和美景吗？如果你真是这样设想的，请记住**享乐适应**这个概念。来自海洋的和风、美丽的日落在最初的日子里也许的确会让你感到惬意，但渐渐地，这些起初使你感到新鲜惬意的事物会在你的情绪背景中消融无踪，你再也不会像以前那样关注和享受它们了。研究已经证实了这一点。大卫·施卡德（David Schkade）和丹尼尔·卡尼曼（Daniel Kahneman）调查了美国南加州和中西部地区的大学生们，并问他们感觉自己的快乐程度如何。研究者们让这些大学生们去想象，如果他们求学的地点是在另一个地方，比如南方的学生去中西部，中西部的学生去南方，他们的快乐程度会有变化吗？研究者们发现，加州学生和中西部学生的快乐程度是大致相同的，但与这一事实相映成趣的是，加州学生和中西部学生不约而同地都认为，加州人比中西部的人更快乐，这大概是因为他们都过于看重气候条件带来的影响。

在前面列出的增进快乐的清单中，你是否提到过有更多的钱会让你更快乐呢？如果是这样，你当然不是唯一有这种想法的人。金钱长期以来被大众视为快乐的替代物。但是有很多研究表明，一旦你的基本需要得到了满足，金钱便失去了影响快乐的魔力！为什么会这样呢？让我们来回顾一下前面做过的讨论。第一，我们并没有真正理解什么使我们快乐，于是我们会去买更大的房子、更高级的车、名牌服饰以及各种精致小玩意儿。拥有这些东西最初也许的确使我们兴致盎然，洋洋自得，但因为存在享乐适应的现象，这种快乐并不会持久。第二个原因是，我们总是习惯把自己和别人进行比较。除非你本人就是一个成功人士（其实CEO 也未必如你想象的那般快乐自在），不然你的朋友圈里总会有一些似乎更幸运的家伙，他们有更阔绰的办公室、更大的私宅或更酷的东西，于是你也努力去拥有更多的物质财富。但是欲望水涨船高，随后你会与更高水平的人相比。这便是享乐适应的本质：欲望不断增长，满足感望尘莫及。

总之，生活境况的改变并不能增进持久的快乐。认识到这一点其实是一件好事。你只需想一想：为求得理想的各种生活环境和条件的改变，得花费多少时间、金钱和努力，而这些努力的结果可能不过尔尔。快乐研究领域最惊人的发现之一是，快乐感的持久提升比我们设想得更容易，并且这些改变是由你自己来掌控的。下周我们将开始讨论你的快乐指数余下的那 40% 是由哪些因素决定的。

1.8 未来展望

在接下来的几周里，我们将为你呈现多样化的、经实践验证有效的技巧，通过学习运用这些技巧，你将了解如何有效地提升自己的幸福感。我们将对这些技巧背后的相关研究进行介绍，并为你提供明晰的指导，帮助你把这些技巧应用到你自己和其他人的生活中。请花一点时间思考并回答下列问题。

- 你为什么要上这门课程？

- 你想通过学习这门课摆脱生活中的哪些困扰？

- 你对自己达成此目标是否仍存有疑虑？

第 1 周要点回顾

1. 快乐给人们带来的益处是多种多样的，它与更好的人际关系、身心健康、生产力和创造力相关。

2. 积极情绪为我们创造出一种螺旋式上升的动能，在这样的良性循环中，更多的积极情绪不断地被激发出来。

3. 对快乐进行测量是可能的。

4. 当对未来感受进行预测时，人们往往会高估单一事物产生的影响，而低估了其他因素的影响力。

5. 快乐的一部分取决于你的主动行为，提升你的快乐水平是可能的。

参考文献

Diener, E., Lucas, R. E., & Napa Scollon, C. (2006). Beyond the hedonic treadmill: Reversing the adaptation theory of well-being. *American Psychologist*, *61*, 305-314.

Fredrickson, B. L. (2001). The role of positive emotions in positive psychology: The broaden-and-build theory of positive emotions. *American Psychologist*, *56*, 218-226.

Lykken, D. & Tellegen, A. (1996). Happiness is a stochastic phenomenon. *Psychological Science*, *7*, 186-189.

Lyubomirsky, S., King, L., & Diener, E. (2005). The benefits of frequent positive affect: Does happiness lead to success? *Psychological Bulletin*, *131*, 803-855.

Wilson, T. D. & Gilbert, D. T. (2005). Affective forecasting: Knowing what to want. *Current Directions in Psychological Science*, *14*, 131-134.

POSITIVELY
HAPPY

第 2 周

快乐干预匹配、感恩与乐观

主编导读

第 2 周课程的内容主要由两大模块构成，一是总体介绍了 12 个提升与保持快乐的积极干预策略，以及这些策略与个人的匹配度；二是具体介绍了这 12 个策略中的前两个：感恩和乐观。

首先，要再次提醒大家，这 12 个快乐干预策略以及具体方法，都是经过科学验证的。因此，如果这些策略或方法中的一个或几个让你觉得像是老生常谈或者太小儿科，请不要怀疑它们的科学性和有效性。

其次，我非常赞同作者鼓励人们找到最适合本人的快乐干预策略。尽管干预活动要与个人"匹配"，这听起来就像常识一样不言自明，但这个重要的原则却几乎成了一个心理干预领域的盲区，这也许就是为什么人们常对诸如"感恩自己所拥有的"或者"不要与人攀比"这类的宣教听不进去或者执行不下去，这也是为什么一些增进快乐的策略对很多人无效，因为他们被指导去实践的活动并不适合他们。所以，我建议大家在学习和应用积极心理学以及任何心理学方法的时候，请尽量避免"一刀切""一招打天下"的做法，而要尽量考虑人们的个体差异。

本周讨论的第一个快乐策略"感恩"是非常重要的，我想提醒大家的是，在对成人进行感恩干预，或者培养孩子的感恩之心的时候，请一定注意策略和方法，不要把感恩变成苦情、索取或负疚感，真正的感恩是一种建立在平等和尊重基础上的美好情感。

以亲子关系为例。当家长总是强调自己为孩子所付出的辛苦、作出的奉献和牺牲，希望孩子有感恩之心时，一些孩子可能反而被强化了自我中心感："全家人含辛茹苦，一切都是为了我，这说明我是最重要的，我是家里的中心！"另一些不领情的孩子则可能会反感："我又没让你这么做，是你自己要做的，现在反而像是我欠你似的！"还有一些特别懂事的孩子，可能会因此而产生负疚和亏欠感："都是我拖累了家人！如果没有我，他们会过得更好！"由此可见，如果我们的方法不得当，孩子产生的可能不是或不仅仅是感恩之情，还可能是特权感、压力感、反感或负疚感。对此，我在《心理韧性：如何培养内心强大的孩子》一书中进行了详细的讨论。

本周讨论的第二个快乐策略是"乐观"。一说到乐观，有些人就会想到鲁迅笔下的阿Q精神。实际上，真正的乐观与阿Q精神完全不同。阿Q被打了，却说这是"儿子打老子"，这种精神胜利法，是一种对现实的扭曲，也是对自己心灵的扭曲，是一个弱者在对生活无能为力的情况下作出的一种自我欺骗和自我安慰，是对环境的消极适应，实际上是一种逃避现实的悲观的生活态度。而真正乐观的人对现实不掩饰、不逃避、不退缩，他们清醒地知道现实是什么，但选择以积极的心态面对生活并努力采取行动来改变现实。因此，乐观是一种强者的心态，它需要勇气和希望，乐观的人知道，自己在任何情况下都有自主和自决的能力，未来会更加美好。这种现实的乐观主义者的态度正如一首诗所表达的：

"世界以痛吻我，我要报之以歌。"❶

接下来，请大家通过测评，找到最适合自己以及自己所关心的人的快乐干预策略。如果感恩和乐观适合你们，那就请积极地练习，变得更加感恩和乐观吧！

---

❶ 泰戈尔的诗真正的翻译是"世界以痛吻我，要我报之以歌。"(The world has kissed my soul with its pain, asking for its return in songs.) 我这里选用民间习惯的说法"我要报之以歌"，来表达我对"现实的乐观主义"的解读。——主编注

上周我们从大背景讨论了为何提升快乐如此之难。其原因之一，就像身高和体重一样，幸福感的高低有一部分是由基因决定的。此外，情感预测的研究表明，人们并不擅长对获得快乐的途径进行判断，人们惯于过分重视那些并不会带来持久快乐的事情，因此总是试图对生活环境或其他外部条件作出改变，如修饰外貌、赚取财富或更换居住地。

这情形听起来颇不乐观，是不是？那么，请让这样的悲观看法在此终结吧。你应该不会忘记，我们的快乐有 50% 是由基因决定的，还有约 10% 取决于生活境况。不过，还有比例颇重的 40% 是由我们自己来掌控的呢！

从现在开始，我们将向你介绍，在可掌控的 40% 领域内，能用来创造持久的、真正的快乐的多种活动和策略，这些技巧已经得到了科学研究的证实。时常主动在生活中应用这些技巧，可以带来非常有效的改变。这些方法最大的优点在于不用花钱，比起试图改变生活的外部环境和物质条件，这些策略简便易行。正如你将很快学到的，这些技巧关注的是，在诸如人际关系和工作等日常生活领域中，你的思维方式和态度是怎样的。

随着阅读的深入，我们会要求你思考如何将这些策略应用在你自己的生活中；此外，本书还将导入诸多有针对性的练习，帮助人们学习如何在更广泛的范围内去应用这些提升快乐水平的技巧。具体而言，本书就是促使你去思考如何应用这些策略，帮助你的家人、客户、患者、学生或雇员变得更快乐、更健康、更有创造性。

快乐不应是你唯一的目标

在我们深入探讨具体的策略之前，请注意这几个问题。首先，快乐不应被当作单一的目标来追求。正如纳撒尼尔·霍桑（Nathaniel Hawthorne）的生动形容："快乐就像一只蝴蝶，追逐它时，你总是抓不到它，但当你静静地坐下，无所欲求时，它可能就会轻盈地停在你身边。"当人们费尽心思让自己得到快乐时，可能会适得其反。心理学家乔纳森·斯库勒（Jonathan Schooler）和他的同事们通过一项实验模拟了上述从期望到失望的心态，他们让被试听一首风格模糊的乐曲，并要求他们在倾听的过程中尽力去体验快乐。这样的期望实际上导致被试的心情出现了短暂的低落，而对比组中那些没有对快乐怀有期待的听众，他们的情绪则没有受到影响。

对快乐水平不断地进行评估和监测也可能起到相反的效果。1999 年，斯库勒及其同事对人们在新年前夜的快乐水平开展的调查说明了这一点。新年前夜是一个特殊的时刻，人们倾注人力、财力创造出自己期望的充满欢乐的完美时光。然而实际上，人们越是满怀期望地试图从中获取尽可能多的快乐，在新年前夜感到的失望就越大。事实上，**快乐期望的悖论**被许多生活事实证明，在那些人们寄予高度快乐期望的场合（如高校毕业舞会、婚礼日），置身其中的感受却往往令人失望，因为人们给了自己"一定要超级快乐"的压力，结果期望越高，失望越大。因此，请记住，快乐往往是一段愉悦经历的副产品，而不应当成为你每天孜孜以求的、刻意的目标，了解这一点是非常重要的。所以，请不要再挖空心思地不停思考自己是否快乐这个问题，不要再斤斤计较你做的事情、你参与的活动是否产出了预期的快乐结果。时不时地对自身状况进行反省固然是有益的，但如果过于频繁，反而不会带来好处。这一点也适用于对他人进行指导时。在辅导他人参与增进幸福感的各种活动时，你可能会告诉大家，这些活动会给参与者带来快乐，但建议你不要过分强调这一点。同样的道理，你也应该提醒活动参与者们，不要过度地检测自己是否得到了快乐。

它并非如看起来那般简单无用

刚开始时，你可能会觉得本课程所呈现的这些快乐策略有些矫揉造作、多愁善感或平淡无奇。但在接下来的学习过程中，我们将试着帮你消除这样的想法。大抵而言，请记住这几点。多年来，市场上的自助类书籍可能早已对你进行过"谆谆劝导"，比如要学会"珍惜自己所拥有的"。但珍惜与感恩以及其他应对技巧对获得快乐人生到底有什么作用，是在近些年才由心理学家们通过科学实验给予了证实。此外，尽管本书中的这些策略可能看起来一点都不新奇，但是对这些几乎已成常识的策略，依然有那么多人在日常生活中背道而驰、一筹莫展、沮丧度日、一事无成。不妨花点时间想想你所有的朋友、家人和同事们——尽管众所周知，"珍惜自己所拥有的"堪称是帮助我们感恩生活、提升快乐的效力强大的工具，然而又有多少人能让自己每天坐下来，清清楚楚地写下生活中值得他们感恩的人和事？实际的情形是：一边是我们知道应当怎样做才是有益的，另一边却是我们依然如故、不思改变。我们的"知"和"行"是割裂的。

干预与个人匹配度的重要性

心理学家米哈里·契克森米哈伊（Mihaly Csikentmihalyi）曾说过："快乐生活是个体的创造，无法由一份说明复制得来。"证据显示，如果某种策略显然不适合你，它就不会在你身上产生好的效果。一刀切的、以不变应万变的做法是错误的，让干预策略适合你独特的生活方式、信仰体系和个性，使其真正发挥作用，这一点至关重要。在接下来的几周时间里，你会注意到，当我们对一些具体的快乐策略进行详细介绍时，我们常会要求你通过一些小活动对这些策略加以应用。这样做的主要原因是，这些小活动可以帮助你更好地理解这些策略，并学会运用它们。但在你真正将它们应用于自己的日常生活之前，如果你意识到某项策略或活动与自己格格不入，或与你的客户格格不入，感觉那样做是强人所难、假惺惺的或别扭的，那么可以肯定，这项活动是不会带来快乐的！

如果你的目标是把积极干预导入一个治疗情境或一个组织机构，那么请牢记**个体匹配度原则**（person-intervention fit principle）是非常重要的。在一段治疗中或在一个规模较小的组织里，你可能需要对这些行动策略进行调整以适应客户的需求、特点和目标；在一个规模更大的组织里，可能最好的做法是，让人们了解本书中探讨的多种不同策略，并让他们从中选择最适合自己的做法。将干预活动的个体匹配度作为指导原则，会让积极心理干预的应用更为精妙和有效。

2.1 活动

下面是一个用于考察个体匹配度的评估。请抽出一些时间来完成这项测试，或用这个测试帮助你的客户、同事找出适合他们的活动。

$$\boxed{\text{快乐干预个体匹配度评估表}}$$

指导语： 请考虑以下 12 种快乐行动，如果在一段较长的时间里，坚持每周完成这项活动，你的感觉会是怎样的？你会出于什么样的动机来完成这些活动呢？这里给出 5 个原因，分别是自然、享受、重视、愧疚、被迫。

- **自然：** 我会继续做这项活动，因为它让我觉得很自然，我能坚持做下去。
- **享受：** 我会继续做这项活动，因为我享受做这件事；我发现它很有趣且具有挑战性。
- **重视：** 我会继续做这项活动，因为我认为它很重要，我对参与其中有认同感；甚至当我不觉得它有乐趣时，也会自觉自愿地去做。
- **愧疚：** 我会继续做这项活动，因为如果我放弃的话，会感到羞耻、负疚或焦虑；我会强迫自己做下去。
- **被迫：** 我会继续做这项活动，因为是别人要我这样做的，或是我的处境迫使我这样做。

    人们做各种事情都是出于不同的原因。请就每项活动对你的感受打分。

1	2	3	4	5	6	7
毫不			有一些			非常

示例

1. 表达感恩之情： 盘点曾经得到的帮助，与一个亲密的人交流这方面的感受，或私下沉思，或写日记，或向一个或一些你从未用心感谢过的人表达你的感激和欣赏。

自然 __5__   享受 __5__   重视 __4__   愧疚 __2__   被迫 __1__

1. 表达感恩之情：盘点曾经得到的帮助，与一个亲密的人交流这方面的感受，或私下沉思，或写日记，或向一个或一些你从未用心感谢过的人表达你的感激和欣赏。

自然＿＿＿＿　　享受＿＿＿＿　　重视＿＿＿＿　　愧疚＿＿＿＿　　被迫＿＿＿＿

2. 培养乐观心态：坚持写日记，把自己对未来最美好的设想描述出来，或学着看到每件事的光明面。

自然＿＿＿＿　　享受＿＿＿＿　　重视＿＿＿＿　　愧疚＿＿＿＿　　被迫＿＿＿＿

3. 不多虑，不攀比：采取一些策略（如分散注意力）来控制自己对某个问题过重的思虑，停止与他人进行攀比。

自然＿＿＿＿　　享受＿＿＿＿　　重视＿＿＿＿　　愧疚＿＿＿＿　　被迫＿＿＿＿

4. 实施善意之举：为他人做好事，无论对方是朋友还是陌生人，以直接或匿名的方式，即兴而为或有计划地为他人做好事。

自然＿＿＿＿　　享受＿＿＿＿　　重视＿＿＿＿　　愧疚＿＿＿＿　　被迫＿＿＿＿

5. 培育人际关系：选择一项需要加强的人际关系，投入时间和精力去修补、培育、加固和享受这段关系。

自然＿＿＿＿　　享受＿＿＿＿　　重视＿＿＿＿　　愧疚＿＿＿＿　　被迫＿＿＿＿

6. 多做热爱之事：无论在家庭生活中还是在工作中，多多去做那些具有挑战性和吸引力的、能使你物我两忘的事情（即进入"福流"状态）。

自然＿＿＿＿　　享受＿＿＿＿　　重视＿＿＿＿　　愧疚＿＿＿＿　　被迫＿＿＿＿

7. 品味生活之喜乐： 借由沉思、写作、绘画或与他人分享，多留心观察生活中转瞬即逝的快乐和神奇，享受它赐予的乐趣，并以珍惜的态度时常回味。

自然_____　享受_____　重视_____　愧疚_____　被迫_____

8. 致力实现目标： 选择一个、两个或三个重要而有意义的目标，投入时间和努力去实现它们。

自然_____　享受_____　重视_____　愧疚_____　被迫_____

9. 发展应对策略： 面对近期生活中存在的压力、困难或挫折，探寻应对问题、战胜困难的方法。

自然_____　享受_____　重视_____　愧疚_____　被迫_____

10. 学会宽容/宽恕: 对那些曾经伤害过你或误解过你的人，通过写日记或写信的方法来疏解怒气，放下怨恨。

自然_____　享受_____　重视_____　愧疚_____　被迫_____

11. 追求精神成长： 更多地参加富有精神养分的活动，或阅读以精神成长为主题的书籍，保持对心灵成长的思考。

自然_____　享受_____　重视_____　愧疚_____　被迫_____

12. 关照自己身体： 参与体育活动、冥想，时常微笑和大笑。

自然_____　享受_____　重视_____　愧疚_____　被迫_____

上述评估表对即将学习的 12 个提升快乐的策略做了一个初步的介绍，你也可思考：在今天讨论的和接下来几周将要学到的快乐策略里，哪些是适合你的？每个人的情况有别，我们建议你对课程中呈现的所有行动策略都进行阅读和思考，因为我们相信，对这些行动策略的探讨将为你带来启迪：如何自主自觉地在既有的客观环境里创造属于自己的快乐。此外，也许其中某一个策略不适合你，但它可能对你的家人、学生、同事或你生活中的其他人作用颇大。你也可以利用这份评估量表帮助你的客户们找到适合他们的快乐提升策略。

评估表列出的前 3 个积极干预策略与**改变你对自己生活的思考或表达方式**相关。这 3 个行动策略分别是表达感激之情、培养乐观精神以及避免思虑过重和社会攀比。

策略 1：表达感激之情

如果你对积极心理学有一定的了解，你可能已经对感恩干预略知一二了。尽管表达感恩被认为是最广为人知和广为应用的积极干预行动，但仍有很多人并未真正地理解它，不明白对他人表达感恩之情为何能增进自己的快乐，对该策略背后的研究也同样缺乏了解。有鉴于此，我们将对感恩作出更详尽的介绍，这有助于你更有效地应用它并从中受益。在我们开始之前，请花一点时间完成下面的测试。

2.2 活动：感恩测试

根据以下计分表，在下列陈述旁写下符合你个人情况的得分（1~7分）。

1	2	3	4	5	6	7
极不同意	不同意	有点不同意	中间状态	有点同意	同意	非常同意

____ 1. 生活中有太多值得我感恩的人和事。

____ 2. 如果一定要列出所有值得我感恩的人和事，它会是一个很长的清单。

____ 3. 当我审视这个世界时，我并没有发现太多值得我感恩的人和事。

____ 4. 有很多的人和事值得我感恩。

____ 5. 当我年纪渐长，我发现自己对那些已成为我生命历史一部分的人、事和熟悉的生活环境有了更浓厚的爱意。

____ 6. 当我对某些事情或人产生感激之情时，早已时过境迁了。

注意：第3题和第6题是反向计分题，因此你要用8减去你在这两道题的得分，最后得到的分数才是这两道题的感恩测试得分，比如，如果第6题你选择了"有点同意"，那你第6题的分数就是3分（8-5=3）。

这是对人们感恩倾向的一个测量。你的感恩测试得分是多少呢？得分为30分以上的人有较强的感恩之心，分数越高，感恩之心越强烈。很多人在生活中会很自然地会去珍惜和感恩一些人或事物，但对另一些人而言，感恩并不会自然而然地发生。但幸运的是，我们有理由相信，绝大多数人都能够学会感恩，都可以对自己的拥有更加珍视并为之感恩。

2.3 练习：一项感恩练习

"感恩"似乎是一个宽泛又模糊的概念。学者兼作家罗伯特·埃蒙斯（Robert Emmons）将感恩称为"在生活中体察到的惊奇、感激和欣赏之情"。感恩确实是宽泛而处处可寻的，人们也能以多种多样的方式去感知它、表达它。

● 请花点时间列出你生命中想感谢的 5 件事，列出的事情可大可小。

1.

2.

3.

4.

5.

完成上述这项练习对你来说容易吗？无论容易或困难，请说说为什么会这样。如果你列出的感恩清单里的某些条目涉及他人，那么当你亲自向其表达感激之情时，你会觉得舒服自在吗？无论你是怎样感觉的，请说说为什么你会有这样的感觉。

这项练习也许看起来很简单，但它带来的积极效果在几个实证研究中都得到了证明。罗伯特·埃蒙斯和迈克尔·麦卡洛（Michael McCullough）指导学生们列举出 5 项为之感恩的事，每周列一次感恩清单，连续做 10 周。学生们列出的感恩清单内容包括"我的朋友们""我的健康"以及"摇滚音乐"等。与感恩练习组不同，另一个组的成员被要求列举出日常生活中 5 件令人感到烦扰的事情，或者列出 5 件重要生活事件。结果是，那些表达了感恩的学生，感到更快乐，对生活更满意，对未来的日子充满了希望。此外，他们还报告说，一些不良的身体症状（如头痛、咳嗽和恶心）在此期间也减轻了，同时他们也更乐于进行体育锻炼！另一项研究发现，接受感恩表达训练对患有神经肌肉病和各种身体疼痛的成年人也很有效，表达感恩减轻了他们身体上的病痛。

在索尼娅·柳博米尔斯基和肯农·谢尔顿（Kennon Sheldon）进行的几项实验研究中，要求大学生坚持写"感恩日记"，他们得到的指导语如下："生活中有很多值得我们感恩的事情，有些是我们经历的大事，有些是细微的小事。回想一下过去一周里发生的事情，在日记里写下其中让你觉得感恩或感激的 5 件事。"在 6 周的训练课期间，参与者坚持写感恩日记，一周 1 次，或者一周 3 次。正如研究者所预期的，这项活动有效地增强了被试在生活各个层面的感恩水平。此外，与对照组相比，表达感恩组的成员在 6 周的实验中，快乐水平得到了增强。不过，报告幸福感增强的被试，是那些一周只写 1 次感恩日记的人。一周写 3 次感恩日记的却并没有收到任何积极效果！为什么会这样呢？研究者们认为，一周写 3 次感恩日记是过度的，可能使这件事失去了新鲜感和乐趣，更像是例行公事。而且，一周多次列感恩清单，可能会让人觉得越来越难以找出他们衷心怀有感激之情的人和事（那些感恩倾向测试量表得分低的人可能尤其如此），察觉到这一点可能会给他们的情绪带来负面影响。正如我们将会讨论的，上述实验结果对如何最优使用增进快乐的方法有着诸多启发。不过，表达感恩的实验结果无疑证明了"珍惜你所拥有的"这句老话的确是济世良方。

写感恩信的方法也是相当有效的。柳博米尔斯基和同事们的一项研究发现，在为期 8 周的感恩学习课程里，每周花 15 分钟写感恩信可以增强课程参与者的幸福感，这种幸福感在课程结束后长达 9 个月的时间里依然保持着。如果向某人发出一封感恩信会让你感到紧张的话，那么请放松，实验证明：即使并没有寄出表达感恩的信，写信本身就可以令人变得更加快乐。仅仅是聚焦人们表现出的正面品质，这种做法本身已足以让自己获益。不过，如果能够表达出来，还是把感恩之情向自己想要感谢的人表达出来，效果更好。马丁·塞利格曼（Martin Seligman）

和他的同事们指导感恩行动的参与者们对自己从未以适当方式表达过感激之情的人做一次感恩拜访，并把写好的感恩信读给对方听。结果，相比对照组，感恩拜访活动的参与者们报告的幸福感增加了，而且持续了整整 1 个月。当然，也有些人对这项活动感到不是那么自然、舒服，这再次生动地说明，快乐干预的具体方式要因人而异。

感恩为什么奏效？

回想之前你列出的感恩清单。由于个人匹配度的重要性，你可能会发现感恩这项活动对你来说并不是特别自然和有效。不过，你应该还是能够理解，对很多人来说，不论是通过日记、写信还是其他方式，表达感恩能成为他们获得快乐的推进器。那么，你觉得它有效的原因是什么呢？

首先，感恩行动抑制了我们讨论过的享乐适应的过程。想一想你在日常生活中拥有的那些悦人且持久存在的事物，如窗外一棵美丽的树、一位热心的同事、你最爱的当地美食，或是你最好的朋友。从本质上说，感恩之举把这些习以为常的人和物聚焦在我们关注的中心。例如，本书的两位作者都住在南加州，这里几乎每天都温暖如春，阳光和煦。从东海岸初来此地时，这里温和舒适的生活环境给我们带来了极大的惊喜和快乐。然而，舒适美好的外在环境是持续存在的，渐渐地变成了我们不再真正注意和心存感激的事物，我们对此习以为常了。如果我们对美丽的晴朗天空表达感谢，这会有助于提醒我们，能住在这里是多么幸运。

正是出于同样的原因，表达感恩使你懂得"享受当下"，有利于培养被弗雷德·布莱恩特（Fred Bryant）和约瑟夫·维洛夫（Joseph Veroff）称为"品味"（savouring）的生活态度。表达感恩也能使你更亲和地评价自己的生活以及你自己。它使你对生活选择感觉良好，也帮助你饮水思源，倍加珍惜现在拥有的一切。在社会交往领域，对他人表达感恩之情（在自己心里默默感念或是直接对人表达）能帮助我们更懂得欣赏与珍惜他人。如果你对他人心怀感激，可能更倾向于与人主动交往，而亲善行为本身就是快乐的助推器。你也会更乐于通过各种亲社会行为"将爱传播出去"。

通过鼓励人们"看到事物的光明面"，感恩心态也能帮助人们对意义模糊的或是负面的事物进行重新评估。例如，一位育有两个幼儿的母亲这样讲述了感恩心态给她带来的益处：

当我真诚地用一句"太谢谢你了"回应我的孩子们时，我能看到他们有多开心，而当孩子们也如此真诚地向我表达感谢之情时，我更是开心得无法言喻。因此，当我向孩子们说感谢时，我总是专注地去感受那份真挚的感激之情。如果暂时找不到一件有充分理由需要表达谢意的事情（例如，"呃，谢谢你给我你咬过一半的香蕉。"这听起来很别扭），我会试着换一个角度来表达谢意（例如，"真的谢谢你把香蕉给我，而没有把它夹在沙发垫中间压成泥。"）。我发现对于像我这样全职在家、疲于照看一双只有两三岁的幼儿的母亲来说，试着保持一种更加积极和感恩的心态对我的帮助很大。

以这样的方式，感恩能帮助人们应对生活给予的种种困难和考验，小到母亲面对的琐碎日常事务，大到面对真正的创伤和灾难。事实上，罹患严重疾病之所以仍能给人带来一些益处，往往是因为当事人对亲人和生命本身的珍爱之情得到了升华。对于很多身处困境（无论大小）的人来说，"感恩的心态"提供了一种有效的应对机制。本书作者之一索尼娅·柳博米尔斯基分享了她本人的一次经历。

当我的女儿3个月大的时候，有一次我正筋疲力尽地推着婴儿车，一位年长的妇女走向我，"你的宝宝真美，"她说，"珍惜陪伴小宝宝的时光吧。时间飞逝，她很快就会长大！"那段日子里，我觉得自己完全被孩子捆住了，睡眠不足，深感无助。而且，说心里话，我并不怎么欣赏这番华而不实的劝导，但她的这番话却在事实上对我产生了强有力的影响。让时间慢下来，用心珍惜陪伴宝宝成长的美妙时光，这帮助我走出了因日复一日照料女儿而心神俱疲的阴影，开始品味和享受与宝宝一起度过的、专属于我们的时光。

付诸实践

感恩是一个广泛的概念，表达感恩的方式和途径自然也是多种多样的。如果这项活动适合你，你可考虑以下感恩表达的方式。

写感恩日记。选某一天的一小段时间，花几分钟"走出"你的日常生活，对生活进行反思。这件事情可以在早晨一起床就做，或在午餐时静静地想一想，或在晚间睡前来做。想出3~5件当下令你心怀感恩的事——可以是细小的事情（如清早见面时总是对你报以友善微笑的一位同事，或者是你的爱人主动清理家里的垃圾），也可以是在更广泛的层面提升你的生活品质的人和事（你良好的身体、你拥有的一项特殊才能，或者你最好的朋友的优秀品质）。开始时可一周写一次，之后你可能会发现你愿意更频繁地做这件事，那很好。关键在于让该活动更好地适应你个人的需求。

日记的形式可以多样化。前面已经提过，研究表明，反复做同一种活动会令人感到厌烦或疲劳，因此我们的建议是，努力使你表达感恩的方式多样化，多变换形式。有些日子里，你可以简单列出几条可称为"福分"的事情；在其他时间里，你可能想把这些"福分"细化一下，并且写下你为什么对这些人和事怀有感激之情。你还可以分门别类地列出"福分"清单：一天写写对人的感恩，另一天再写写对自然的感恩，等等。

写一封感恩信。有时，你可能很想真情实意地告诉某个人，在生命中能拥有他或她，你是多么感恩，或者更具体地对他或她所做的某些具体的事情表达感激之情。马丁·塞利格曼建议这样做：用心想一想某个令你心怀感激但从未以适当方式表达过感谢的人，他可能是一位家庭成员、朋友、老师、教练、同事等。给那个人写一封信，在信中详细地回顾他或她曾为你做了些什么。尽管不寄出这封信，你也能从中受益，但如果你认为将信寄给对方会感觉很好，那就去寄吧。

在工作中表达感恩。感恩表达在工作中对人们的助益也是显而易见的。盖洛普的心理学家汤姆·拉思（Tom Rath）报告了一项民意测验结果：有65%的美国人说，他们在过去的一年里，工作的优秀表现没有得到认可。印度、日本和英国的职场人也有类似的抱怨。显然，管理者们可以更加用心地表达对员工的认可与赞赏，以提高员工的士气。除了在管理上的运用之外，心理教练们也能有效地将感恩应用于客户身上。当教练使用"认可"技巧时，即对一位客户的某些积极的核心特质或行为给予认可和赞赏时，辅导效果往往是很强大的。无论是同事还是客户，对那些与我们一起工作的人的优秀品质给予赞赏，是对他们很大的激励，他们会因此而奋发努力，即使遇到困难也不轻易言败。寻找客户和同事身上最闪光的品质给我们带来的附加好处是，使我们更乐于与他们打交道，使共事变得更加顺利和愉快。

策略2：培养乐观心态

与"感恩"一样，"积极思考的力量"听起来也貌似老生常谈。但是，以一种积极乐观的方式阐释生活的种种际遇给人们带来的正面效益早已被大量的研究证实。

以下是一个对乐观倾向进行评价的常用量表。请花一点时间完成这项评价。回答问题时请始终保持诚实和准确，尽量不要让一个问题的反应影响到另一个问题。请记住不存在"正确"或"错误"的回答，请根据自己的感受去回答问题，而不要受"大多数人会怎么回答"这个念头的干扰。

0	1	2	3	4
非常不同意	有点不同意	中间状态	有点同意	非常同意

____ 1. 在情况不确定时，我通常会期待出现最好的情况。

____ 2. 我很容易放松。

____ 3. 对我来说不顺心的事，是会出现的。

____ 4. 我对自己的未来一直都很乐观。

____ 5. 我非常喜欢朋友们的陪伴。

____ 6. 保持忙碌对我来说很重要。

____ 7. 我很少指望事情能如我所愿。

____ 8. 我不会轻易变得沮丧。

____ 9. 我很少指望好事情会落在我身上。

____ 10. 总的来说，我期待发生在我身上的好事多于坏事。

注意：第2、5、6题的回答不计分；第3、7、9题为反向计分题，这三道题的最终得分要用6减去该题的得分，即如果该题的得分为2，最终得分应是6-2= 4，你的实际分数即为4。当你完成了上述的得分计算后，看看自己在第1、3、4、7、8、9、10题的得分，这些问题的总分即可评估出回答者的乐观倾向性。

总分为0~13为低乐观（高悲观），14~18为适度乐观，19~24为高乐观（低悲观）。

你的乐观倾向得分高吗？你为什么认为乐观心态能增进幸福感？请举一个具体的例子来说说，在生活中你是怎样以乐观的态度看待某一件事情的。你认为自己是一名乐观主义者还是一名悲观主义者？为什么？乐观是一种自欺欺人吗？你同意这种说法吗？为什么同意？为什么不同意？

可能的最佳自我

为了鼓励人们养成积极乐观的思维方式，劳拉·金（Laura King）设计了一个活动"可能的最佳自我"（Best possible selves）。在这个活动里，参与者们被要求想象，在多项重要的生活领域里，他们在未来生活中最好的可能性是什么样子的。例如，你可以设想自己十年后的生活，设想你在乡下有一套自己的房子，拥有一位善解人意的伴侣、两个孩子以及一份颇有成就的职业。你也可以列出更具体的目标，诸如完成了一项马拉松比赛，或是在某份期刊上刊登了文章。不过需要强调的是，这项活动并不是要你沉浸在美妙的幻想中。对未来的设想应该是积极乐观的，同时也应该是可实现的和有现实依据的。此外，不要把现在的自己和某个你无法实现的理想化版本的自己做对比，这样做很可能适得其反，让你对当下的自己感觉更糟糕。在做"可能的最佳自我"这项活动时，记得要立足当下，放开胸怀，展望很有可能实现的美好未来！

2.5 活动：可能的最佳自我

现在请花几分钟时间，对10年后可能成为的最好的自己做一番展望和想象，并写一段简短的描述。

劳拉·金发现，与对照组相比，每天花 20 分钟做一次"可能的最佳自我"的深度练习，对振奋参与者的情绪有显著的效果。肯农·谢尔顿和索尼娅·柳博米尔斯基把这项活动调整为纵向实验方案——相比于对照组以每天的日常生活为书写内容，纵向研究实验组在超过 4 周的时间里，需要规律完成"可能的最佳自我"的练习，对提升积极情绪有显著的作用。

为什么它会奏效？

为什么"可能的最佳自我"的活动能提升幸福感呢？首先，对心中倍加珍视的未来目标进行展望和想象，激发了我们的乐观精神，强化了我们的自尊。将各种长远目标付诸实现的想象也激励了你，让你拿出勇气和毅力来应对追求理想的道路上可能遇到的各种挫折。此外，"可能的最佳自我"的活动促使你反思并坚定自己的价值观和目标。正如心理学家詹姆斯·潘尼贝克（James Pennebaker）所言："亲笔写下自己未来的梦想，能帮助我们更加理性地构建未来的发展蓝图，反之，如果只是在头脑中对未来生活进行想象，想象的图景可能是模糊不清和混乱无序的。"当你理想中的未来以理性书写的方式完整有序地表述出来时，从现实到这个理想图景该如何逐步实现，你对此的思考会更加清晰，你对自己当下应如何生活会更有掌控感。这项活动为你带来的益处还在于，如果你正试着做出一个艰难的人生决定，"可能的最佳自我"会帮助你拨开迷雾，做出有助于实现人生理想的抉择。

回到你前面做过的这项活动（见 2.5 活动）。"可能的最佳自我"这项活动适合你吗？它能帮助你构建和筛选向往的生活目标吗？如果回答是肯定的，为什么？如果回答是否定的，又是为什么？

付诸实践

每周一次，留出 20 分钟，坐下来想一想未来"可能的最佳自我"。"描绘可能的最好的自己"意味着放开胸怀去想象未来的自己——经过自己的多年努力，那时你的人生圆满而丰盛；你工作努力，心想事成，你的人生梦想一一实现，你的个人潜能得到了极致发挥。请写一段短文，展现你未来生活呈现出的面貌。每周做一次这项活动，对未来最好的自己在个人生活和职业方面都做一番设想，每周轮流聚焦不同的领域，比如社会生活、职业目标、兴趣爱好和健康状况等。

"可能的最佳自我"这项活动有一个升级版，内容包含写出个人的长期目标，并把这个大目标分解成更小的、具体的、可实现的分项目标。这样做有助于让你的未来目标变得更易实现，能更好地激励你去坚守和努力。

在职场的应用："可能的最佳自我"可作为助力职业发展的有效工具，它能激励人们珍视自己的潜能，并通过努力发挥潜能。你可以将这项活动用于招聘员工、岗位安置或季度考核，使其成为职场活动的一个有机组成部分。请根据需要自由应用，使它适合你和客户们的实际需求。例如，可以考虑对"可能的最佳自我"这项练习进行必要的调整，使其适应特定领域的工作需求。如果你需要的话，该活动的名称可以变换为诸如"可能的最佳经理"或"可能的最佳员工"。

第 2 周要点回顾

1. 对思维方式和行为不断做出小的改变，可以长期提升幸福感。

2. 重点是，你选择的快乐干预活动匹配你的个性、长处、价值观和生活日程等，这些活动应使你感觉真实、自在。

3. 表达感恩是增进幸福感的一个有效工具，在职场也同样很有助益。

4. 培养积极乐观的精神是现实可行和有效的，"可能的最佳自我"这一练习对达成此目的效果显著。

展望

下周，我们将继续为你呈现能有效提高幸福感的多种活动策略。具体而言，我们将讨论：

（1）避免思虑过重和社会攀比；

（2）练习表达友善；

（3）培育社会人际关系。

参考文献

Emmons, R. A. & McCullough, M. E. (2003). Counting blessing versus burdens: An experimental investigation of gratitude and subjective well-being in daily life. *Journal of Personality and Social Psychology, 84,* 377-389.

King, L. A. (2001). The health benefits of writing about life goals. *Personality and Social Psychology Bulletin, 27,* 798-807.

Lyubomirsky, S., Sheldon, K. M., & Schkade, D. (2005). Pursuing happiness: The architecture of sustainable change. *Review of General Psychology, 9,* 111-131.

Pennebaker, J. W. & Graybeal, A. (2001). Patterns of natural language use: Disclosure, personality, and social integration. *Current Directions in Psychological Science, 10,* 90-93.

Silberman, J. (2007). Positive intervention self-selection: Developing models of what works for whom. *International Coaching Psychology Review, 2,* 70-77.

Sheldon, K. M. & Lyubomirsky, S. (2006). How to increase and sustain positive emotion: The effects of expressing gratitude and visualizing best possible selves. *Journal of Positive Psychology, 1,* 73-82.

POSITIVELY
HAPPY

第 3 周

与人攀比感觉糟糕，帮助他人感觉美好

主编导读

本周为大家继续介绍三个快乐策略：不多虑、不攀比；实施善意之举；培育人际关系。这是 12 个快乐干预中的第三至第五个。

第三个快乐干预策略"避免社会攀比"对当代人的幸福感格外重要（第一、二个快乐策略已在上周介绍）。生活在集体主义文化氛围下，我们往往非常在意别人对自己的看法，尤其在社交媒体时代，每个人不仅可以与本家族、本社区、本村、本校、本单位的人进行比较，还有意无意地与全国甚至全世界的人进行比较。因此，不仅亲戚、朋友、同学、同事的成功让我们深感挫败，甚至一些与我们并无关联的人的成功也让我们感到自己不如人。比如，媒体报道中考上名校的学生、创业成功并实现财务自由的年轻人等，都让我们感到望尘莫及；甚至国际名模的身材、豪门巨贾的婚姻、外国皇室的奢华，也都让我们感到自己以及自己的生活很差劲……种种社会攀比给我们带来了巨大而持续的焦虑，这或许可以从一个角度解释为什么我们的客观物质生活条件已经远远超过了父辈和祖父辈们，但我们的主观幸福感却并没有明显提升，甚至抑郁、焦虑等心理健康问题还在过去二三十年大幅增加。因此，如果我们想生活得快乐而有幸福感，就一定要学会本周提供的避免思虑过度和社会攀比的方法。

第四和第五个快乐干预策略都与积极的人际关系相关。著名的哈佛成人发展研究告诉我们，积极的关系是人们健康、长寿、快乐、成功与幸福的源泉。本周具体解读了为何人际关系对我们的快乐如此重要，并为大家提供了实用的方法，帮助我们建立和维护与同事、朋友以及伴侣等的人际关系。请仔细阅读本周的内容并对照自己的做法，思考一下你已经做得很到位，还是有所欠缺，以及原因何在。

提升人际关系的一个重要策略是对他人做出亲善之举、帮助他人，这的确能有效地提升我们和受助者双方的幸福感。不过，在此我要特别提醒大家，行善举也要有智慧，否则好心不一定会有好的结果。以下是我的几个建议。

第一，人与人之间要有一定的边界感，只在他人需要并且愿意接受帮助时提供善举，不要勉强别人接受，否则就跨越了边界，可能给彼此带来不快甚至伤害。比如催婚、催生、主动给人介绍对象等，就是一种出于好心、但会令对方感到不舒服的"善举"，对方可能会觉得自己的权利或隐私被侵犯、你试图控制他（她）的生活，因而产生反感。

第二，在实施善举的时候，态度要谦和、温柔，要考虑接受者的感受，不要让对方感到被"给予"。例如，有人全心全意地帮助亲人，为家人付出了很多，但家人却未必领情，甚至可能对其不满。原因是，助人者没有敏感地察觉和照顾被帮助者的自尊心，没有注意放低自己的姿态。因此，助人最好能行善于无形，要顾及对方的感受，不要让对方有自己是弱者、需要被人照顾和施舍的感觉。

第三，长期的助人行为要根据对方情况的变化而有所变化，避免对方产生依赖性。有时长期在经济上或者事务上帮助他人，会让对方产生依赖感，不思进取，因此，"扶贫要扶志""授人以鱼不如授人以渔"；还有一些被长期帮助的人，产生了理所应当的感觉，当对方不能一直满足自己的时候，甚至会产生不满和怨恨。因此，助人也应有"时"有"度"。当然，人们都愿意帮助那些有自强精神并且心怀感恩的人。

第四，助人行善也要根据自己的情况量力而行。比如，帮助家人固然是值得称道的，但若到了成为"扶弟魔"的程度，就会给施助者本人带来经济上、精力上、心理上和人际关系上的沉重负担，助人也就失去了幸福感和积极的意义。此外，研究也发现，长期看护慢性病或身体残疾亲人的人，本人出现身心健康问题的风险很高。因此，在帮助他人的时候，我们要首先照顾好自己。

以上是我学习"感恩"这个干预方法后的个人体会，建议大家在学习12个快乐干预策略时，都能结合自己的生活，活学活用，让这些方法真正地落地。

那么，多虑与攀比的表现是什么？您存在这些问题吗？为什么实施善意之举会对我们的快乐与幸福有所裨益？我们该怎样改善和强化人际关系？翻开后面的书页，答案就在其间。

上周，我们讨论了积极干预活动要与个体匹配的重要性，也为大家介绍了提高幸福感和生活质量的两个策略：表达感恩之情和培养乐观心态。这一周，我们将为你呈现第三种认知策略，即**避免思虑过度**（avoiding rumination）。我们同时还将为你呈现两个社会交往策略：多做亲善之举和培育人际关系。

策略 3：不多虑，不攀比

这项活动旨在帮助人们清除暗中危害幸福生活的两块绊脚石：思虑过度和社会攀比。

有很多证据表明，对事情思虑过度、反复咀嚼自己的心思和感受，不仅危害快乐，也是抑郁症的特点之一。思虑过度是一种有害无益的思维模式，它对个体面临的问题或困难思虑重重，且不致力于拿出问题的解决方案或采取行动。这样的不良思维模式常会使我们夸大问题的难度，这种无能为力感或导致我们对自己产生广泛的、负面的自我评价，使我们的感觉更糟，滋生出更严重的过度思虑。记得我们对积极情感的上升式螺旋发展轨迹的讨论吗？与此对应，思虑过度或反复咀嚼可以被视为下降式螺旋轨迹。

你是一个思虑过度的人吗，尤其是处境艰难时？请填写下面这个测试并得出结果。对问题做出回答时，请谨记：悲伤、沮丧或忧郁时，我们所有人都会想（做）一些与平时不同的事。然后阅读下面的每一项问题，在这些问题和陈述前根据自己的情况分别给出"几乎从未""有时""经常"或"几乎总是"的答案。回答要尽量贴近你日常生活中的真实反应，而不要把"我应该怎样"作为回答的前提。

1	2	3	4
几乎从未	有时	经常	几乎总是

____ 1. 想着自己有多孤单。

____ 2. 想着疲劳和疼痛的感觉。

____ 3. 想着集中注意力很困难。

____ 4. 想着自己有多消极被动和缺乏动力。

____ 5. 对近期发生的事情进行分析，试着理解自己为什么感到抑郁。

____ 6. 想着自己似乎对所有事情都无动于衷。

____ 7. 想着"我为什么不能开始行动呢？"

____ 8. 想着"我为什么总是做出这种反应？"

____ 9. 安静独处，并且思考自己为何会有这种感觉。

____ 10. 把自己脑子里的想法写下来并对其进行分析。

____ 11. 想着近期的情况，并希望事态好转。

____ 12. 想着"我为什么不能把事情处理得更好？"

____ 13. 想着自己有多悲伤。

____ 14. 想着自己所有的缺点、失败、过失、错误。

____ 15. 想着自己无力胜任任何事情。

____ 16. 试着通过专注于自己的抑郁情绪来理解自己。

____ 17. 通过分析自己的性格去试着理解自己抑郁的原因。

____ 18. 独自去某个地方对自己的感受进行反思。

_____ 19. 想着自己有多愤怒。

_____ 20. 回想自己以前感觉抑郁的时候。

_____ 21. 听悲伤的音乐。

以上描述都是个体咀嚼自己的思想和感受的问题，你有很多"经常"或"几乎总是"的选择吗？为什么思虑过度会阻挠我们获得快乐？你能回想起自己曾经对某些事情思虑过度的时候吗？你为什么会那样做呢？思虑过度对当时的情况有帮助吗？

人们为什么会对一些事情反复咀嚼和思虑过度呢？苏珊·诺伦·侯克莎玛（Susan Nolen Hoeksema）在烦躁性思虑过度方面开展过很多研究。她指出，那些惯于思虑过度的人认为，他们能从这种思维方式中获得对事物的领悟，他们拥有一些使他们这样做的个性特质，如完美主义和神经质。不幸的是，这种思维模式与快乐生活的目标、与有效应对和解决问题的目标背道而驰。

柳博米尔斯基和她的学生们发现了一些实验证据，证明了思虑过度的负面效应。他们分别对实验的参与者们给出正面或负面的评价，然后请他们完成一项完形填空的游戏，在游戏中被试会看到类似这样的字母组合：

DU_ _

_ _ SER

参与者被要求完成以上填空构成一个单词。那些得到负面评价的被试们更倾向于填写出有负面含义的词语，如 DUMB（傻的、笨的）和 LOSER（失败者），而不是填写出含义中性或亲切的词，如 DUSK（黄昏）和 RISER（早起的人）。重要的是，悲观参与者在填空时易受到他人评价的影响；与之相反，乐观参与者更倾向于把得到的负面评价抛之脑后，不会对此耿耿于怀，也不会让负面评价影响自己的判断。

柳博米尔斯基等学者还在现实生活中对一些失去了罹患绝症的亲人

的成年人开展了一项研究，她发现，思虑过度的思维方式往往是严重抑郁发作的前兆。此外，经历过 1989 年旧金山地震的居民们表现出的心理和感情变化也证明了上述结论。当然，经历了类似失去亲人和大地震这样的重大打击和灾难后，人们对这些事件进行一定程度的分析和思考是很自然的。然而，重要的是，要记住我们的最终目标是成功应对和解决面临的问题，下降式螺旋轨迹的思虑过度却只能让人们更加无法应对和解决问题。

与他人进行攀比也可视为思虑过度的一种特定表现。有必要指出的是，社会攀比的产生是自然而然的，除非你生活在与世隔绝的地方。看到梅西一记精彩的角球得分，一位有抱负的足球运动员可能会被激发出斗志。不过，社会攀比带给我们的结果往往与幸福的生活目标背道而驰。出乎我们意料的是，无论是向上的攀比（与更优越的人相比）还是向下的攀比（与不如自己的人相比），结果都是有害无益的。怎么会这样呢？导致这类现象产生的原因是，不停地把自己的技能和成就与那些更具天赋、更成功的人做比较，会让你心生嫉妒、沮丧，损伤自尊心，这种向上攀比的害处几乎人尽皆知。那么，为什么向下的攀比也有害呢？因为它可能会使你产生一种罪过感，或让你与那些条件不如你的人之间形成心理距离。在向下的攀比中印证自己比他人更体面、更聪明能干、更富有，这样的心态恰恰不利于构建紧密的社会纽带，而这种社会纽带会带来真正的幸福感。此外，社会攀比从根本上削弱了你的掌控感，把判断自我价值的力量授予了你选择攀比的他人。总会有某些人在某些事情上做得比你好，如果你的幸福只是希望在社会攀比中努力维持一个并不稳定的"人上人"位置，那么当更优越的人出现时，你的幸福王国就会瞬间坍塌。

研究表明，快乐和不快乐的人会以不同的方式处理社会比较信息，有些处理方式也许是出乎你意料的。柳博米尔斯基和李·罗丝（Lee Ross）做了一项实验，实验中的参与者和另一个陌生人同时完成重新排序的字谜游戏，在这个游戏中，很容易看出谁解决问题的速度更快。参与者们不知道，陌生的对手实际上是研究者指派的，会根据研究者的设计用大大快于或远远慢于真正参与者的速度解字谜。我们关注的问题是：参与者们对此感受如何？反应如何？现在请设想你就是这个字谜游戏实验中的一个参与者。大致可以想见，如果你的解谜速度一直快于对手，那感觉会很棒，可如果对方一直占上风，你的感觉可能就不是那么美妙了。然而实验结果表明，实际情形并非如我们所想的这般简单。实验表明，快乐的人和不快乐的人对人际比较信息的反应差别很大。快乐的人根本不把社会比较放在心上，不快乐的人却对此耿耿于怀。显而易见，当被对手击败时，不快乐的人会感到伤心、焦虑和有挫折感，而快乐的人则对游戏的胜负并不那么在意。

付诸实践

如果你认为，思虑过度和社会攀比是你需要解决的问题，那么下面的几个技巧可供你学习应用。付诸实践不会比纸上谈兵更容易，贵在坚持！

方法 1：停止思虑过度！当你发现自己老在琢磨：为什么会失去一个客户？男朋友为什么没有给你打电话？为什么考试只得了 C？离家时是不是又忘了关厨房的灯……你就应该意识到，自己的习惯性思虑过度模式又开启了，而将这些事情在脑子里反复咀嚼是于事无补的。不妨去做些其他事情：给朋友打个电话、读一本书、去运动、为现在的客户提供更好的服务等。尽管这些建议也许像在治疗"症状"而不是"病根"，但它确实能让你把注意力集中到另外一些更有收益的事情上，从而帮助你打破消极的思维模式。转移注意力带来的一个额外收益是，你当停止对事情做过度的思考时，你最后会发现事件的结果实际上并非如你原初设想的那样糟糕。总而言之，停止思虑过度并转移注意力能帮助你意识到，过度思虑于事于己都没什么好处。

方法 2：设定专门的时间来解决问题。有些问题的确需要得到关注和应对。如果你觉得某件事情需要认真地想一想，可以拿出一段有限的时间——在你感觉不特别沮丧或焦虑的时候——坐下来把自己的想法写出来（只是在脑子里反复琢磨的念头较为杂乱无章，把想法写下来有助于厘清自己的想法），也可给一位信任的朋友打电话，跟他或她聊一聊这件事。总之，把注意力集中在问题的解决上。如果你为考试得了低分或表现得到差评而沮丧，那么就去想想下一次应当如何改进，并拟出一个改进行动计划，这样做比一味地为表现不佳而折磨自己要强得多。一旦被设定的反思时间到了，就要立刻停止在这件事情上继续花时间想来想去！（后面当我们探讨有效应对问题的技巧时，我们还会回到这一讨论中来。）

方法 3：学会从一个全面的大图景来看待事物。问问你自己，"一年后这真的还重要吗？"很有可能，你的回答是"不"！或试着从空间和时间的宏大背景下去思考问题。本书作者索尼娅·柳博米尔斯基分享了一段经历。

我儿子经历过一个对天文知识着迷的阶段，我惊奇地发现，每当我给他读一本讲述银河系、星星或行星的书时，我的心情变得平静和安详。当你知道最遥远的星系距离我们 130 亿光年，我怎么可能为拼车的问题纠结再三？要知道，每时每刻，宇宙都在不停地扩张！对宇宙和无限的认知能帮助我们清理日常生活的琐碎忧虑，这似乎很神奇，但它的确有这样的作用。

在职场的应用：被不佳的工作表现所困扰，与同事和竞争者们进行攀比且耿耿于怀，这是职场的流行病。幸运的是，以上讨论的那些可让人受益的方法，不仅在日常生活中是有效的，在职场也同样有效。作为一名教练或经理，你可以给客户提供新的成功机会，帮助他们转移注意力或设置结构化的时间限定，帮助他们避开负面的自我评价。你还可以引导客户避免与薪资、奖金和福利有关的议论和攀比，向客户示范有品质的思维习惯。教育者们可以对团队的表现进行强调和鼓励，而不是过分关注个体的成功和排名，将学生们的关注点转移到积极的方面。

"过度思虑，于事于己都没什么好处。"

回想你是否曾经真挚友善地对待某个人，或尽你所能去帮助他人？你给予的帮助可能是一件小事，也可能是一件大事，可能是你在志愿者组织里所做的，也可能纯粹是你的个人行为。描述一下你所做的这件善事，对方是如何反应的？你的感受又是如何？这样的感受持续了多久？

策略 4：实施善意之举

有证据表明，无论开车送朋友去机场或在周末当志愿者有多么辛苦或不方便，这类亲社会行为对增进我们的快乐水平是非常有效的。一项研究要求大学生参与者在几周内多做好事。他们可以自由选择参与的活动，如帮室友洗餐具、辅导同学作业，或者是为陌生人开门等。值得一提的是，研究者为大学生们参与的活动规定了不同的频率，他们可以选择一周 3 次，或一周 9 次。研究者也对做好事的种类进行了限定：要求一部分被试多多变换活动的方式，而另一部分被试一周内只做同一件好事。

我们已讨论过实施善行给人们带来的益处，现在请考虑一下善行实施的细节。参与者们频繁地做好事或不那么频繁地做好事，你认为哪种情况的激励作用更大？变换不同形式去做善事，或是反复做同一种善事，哪种方式效果更好呢？

这似乎没有太大差别，是吗？但是研究者们仍有发现：做善事的频率对幸福感并无影响，但做善事的多样性却对幸福感有影响。效果尤其显著的是那些变换各种方式做好事的大学生们，他们由此得到的幸福感大增，甚至在实验结束后的一个月内，幸福指数仍居高不下。另一部分做固定形式善事的大学生们，一段时间之后，他们的幸福感比刚开始的时候轻微下降了 1%，最终回弹到实验开始前的基线。

　　为什么会这样呢？是的，起作用的又是享乐适应。反复做同一件好事，可能令参与者们对固定的形式成了习惯。他们在刚开始做好事时——比如为陌生人开门——当听到对方说"谢谢"时，是有喜悦之情的；但当你连续为第13个人开门之后，人们可预测自己所做善行的反应，个体的满足感也就大大地减少了，这件好事开始变成固定的套路或累人的琐事，于是做这件善事不再具有挑战性和愉悦感，也无法再让人们从自己和他人身上学到新东西。与此不同的是，以不断变换的方式行善，如为陌生人开门、送室友去机场或为朋友们烘焙小甜点，这些丰富多样的活动要求你运用多种技能，从他人那里得到多种反应，更容易使你保持新鲜感和兴趣。

"以不同的方式行善，可以运用多种技能，从他人那里获得多种反应，更容易保持新鲜感和兴趣。"

3.3 活动

首先，请回想一下，与参与娱乐性活动相比，你参与亲社会善意活动频率大概是怎样的？在参与娱乐性活动和善意活动之后，你的感觉分别是怎样的？在本周的某个时候，娱乐性活动和善意活动请各参与一次以上，然后请回答以下问题：

- 你参加的这两类活动具体内容各是什么？

- 这两项活动的具体差异在哪里？

- 在两种不同的活动中，你的情绪体验分别是怎样的？

- 参与这两项活动获得的积极情绪体验，在活动结束后分别持续了多久？

3.4 思考：做好事为什么有效？

做好事对提升幸福感是很有效的。想一想它为什么有效？试试看能不能想出三个理由。

1.

2.

3.

"帮助他人"是一个广义的词语，它给你和你的受助者带来的益处部分取决于善行的性质。正因如此，亲社会的善行能从多方面提升人们的幸福感。尽力为他人提供帮助之所以能提升你的幸福感，是因为做好事改写了你心中的自我形象，感到自己是乐于助人的、慷慨的、友善的和有能力的。如果在做好事时很好地发挥了自己特有的长处和才能，看到的自己的新形象会让你更自信和感觉良好。例如，一位行事高效的领导者可能会发现，领导一个慈善组织让他感到特别满足；尽责地将文书档案管理得井井有条，也同样能让一个人感到有价值。通过参加志愿工作，你可能会变得更乐于参与各项社会活动，与社区的联系更加紧密，进而感觉自己是一个活跃的、乐于助人的社区达人。在一个更大的人际互助的层面上，有时你能直接看到自己慷慨之举的美好结果——例如，你会收到受助者感恩的微笑，或者看到他人的生活由于你的帮助而得到改善。比上述感受更喜人的是，有证据显示，在实施善行的过程中，人际关系会变得更加紧密，这种改变的意义已经远远超越了人们平常理解的投桃报李、礼尚往来式的互助互惠。

身为善行的受益者，甚至只是目睹了他人的善行，也能产生积极的效果。本书作者之一杰米·库尔兹分享了自己的一段经历。

我不久前参加了一场半程马拉松，比赛地点距离家约3小时路程。比赛过后，我意识到我的车钥匙丢在赛程沿途的某个地方。当时我只身一人，手机也锁在车里了。我精疲力尽，沮丧极了，不知如何脱离困境！我羞怯地靠近一群女性，大约有 10 个人，其中一些人也参加了比赛，我向她们借手机用，她们争先恐后地把手机递给我，我终于可以打电话求救了。接着她们问我遇到了什么麻烦，我把丢失车钥匙和手机被锁在车里的蠢事告诉了她们，讲完以后，所有人都大笑起来。她们邀请我参加她们的赛后庆祝派对，我的心情立刻云开雾散，从茫然无助一下子融入温暖快乐的大家庭！她们递给我一杯香槟，我们开始交谈、欢笑，并彼此熟悉和结识，快乐的聚会一直持续到交通协管员赶来帮助我解决车子的问题。我带走了聚会中的一个香槟瓶塞作为纪念，每当我看见它，她们给予的慷慨善行和友情都使我感到幸福和快乐。

萨拉·阿尔戈（Sara Algoe），一位对感恩表达的人际效益进行研究的社会心理学家，已经发现人们从善意行为中获益的证据：除了在他人的善行中感觉美好之外，人们还常常由此得到激励，"让爱传递下去"，并开始向其他人伸出援助之手。

付诸实践

在日常生活中，我们都为他人做过善事，有时甚至意识不到自己是在做善事。比如，对一位陌生人微笑、去献血、帮一位朋友完成家庭作业、拜访一位年长的亲戚，或者写一封感谢信。

● 请每周做 5 件善事，并且尽可能多地变换做好事的方式。我们建议你选择一周中的某一天（如星期一或星期六），在这一天里把这周计划的 5 件善事全做完。这些善举不需要为同一个人而做，你所做的善举和上面练习中所列的事情可以相似，也可以不同。

● 请想写一份"善行日记"。在你完成若干善行的当天，在日记里记下这些活动的细节。请准确地描述你做了什么？谁从你的善意举动中受益？记下对方的反应。此外，在日记里记录下你在做每项善行之前、期间和之后的感受。

　　在职场的应用：尽管"友善至上"不是职场用语，但它是普世的、值得追求的美德。友善并不仅仅意味着参与志愿活动或帮助一位陌生人，友善也可以应用在职场，比如帮助一位新来的同事更好地适应新环境，或送一份小礼物给帮助过自己的同事。无论在一所学校、一间小公司还是一个大公司里，每天都有很多或大或小的善行在发生。请把握对他人做出亲善之举的机会，你和你的同事们都会因此而感觉美好，人人都这样做，组织文化里就会增添友爱互助这样美好的新元素。

"善"用金钱

　　还记得我们是怎样告诉你金钱并不能带来幸福的吗？话虽如此，但情况不是绝对的，否则就有点儿把事情过分简单化了。利兹·杜恩（Liz

Dunn）和同事们最近的一项研究发现，回答这一问题的关键是你如何支配自己的金钱。他们对一些突然获得大量财富（比如得了一大笔分红）的人进行了调查，了解他们怎样花掉这一大笔钱。结果发现，获得钱财的多少并不能预测他们的快乐水平，**但花钱的方式**却与他们的快乐相关。尤其是那些将钱花给其他人的人（如将钱捐给慈善机构，或者请一位朋友吃饭），在得到这笔钱之后的 6~8 周时间里，他们的幸福感得到了提升。花在别人身上的钱越多，他们就越快乐。

当然，这些慷慨付出的人可能本身早已具备亲社会的天性，这样的品性使他们易于从关心他人、慷慨付出中得到快乐和满足。于是，研究者们做了一项后续研究。在这项研究里，大学生们被随机给予 5 美元或 20 美元，并被要求把这一小笔钱花光，用在自己或他人身上都可以。早上，这些大学生们从研究者那里收到钱，并被告知在当天的某个时间点之前花完。研究者们发现，在一天结束的时候，那些将钱花在他人身上的大学生们，比将钱花在自己身上的大学生们明显要快乐得多，这与他们得到的是 5 美元还是 20 美元无关。这些发现是极富启发性的。首先，它证明了一个很小的举动（比如仅仅花 5 美元请一位朋友喝咖啡，或帮人支付超时的停车费）就足以使人得到快乐。其次，人们似乎对慷慨待人能为自己带来快乐这一点并没有充分的认识。这项研究中的另一组参与者们在实验前预测：钱花在自己身上比花在别人身上会让他们更快乐，但实际情况与预测是截然相反的。简言之，他们似乎没有意识到把钱花在亲社会行为上的种种益处。综上所述，这项研究给人的启发很明晰：如果把钱花在适当的地方，金钱就能为你带来幸福。这项研究的第一作者杜恩在生活中运用了这一研究结论，下面是她分享给我们的一则生活轶事。

去年秋天开展"慷慨行为带来的情感益处"的研究时，我开始琢磨圣诞节应该送什么礼物给我的亲戚们。相比于平常的物质性礼物，我决定给他们每个人送出一份特别的礼物——一个真正够酷的"捐赠者精选"（Donors Choose）网站的礼品券。在这个网站上，教师们为了丰富学生们的学习（主要是在艺术或音乐领域），列出了一些课堂活动需要的学习材料或辅助工具等。用我送出的礼品券，亲戚们就可以浏览网站列出的捐赠项目，并决定把礼品券用于资助哪个项目。这样一来，我等于送给亲戚们一份叫做"给予"的礼物，事实上他们都很喜欢这件特别的礼物。在我为亲人们送出的礼物中，从未有哪次像这次一样得到如此棒的评价，哪怕是我从前花好几个小时在购物中心搜寻完美礼物也未被这么称赞过。

因此，不妨考虑将一些可支配的收入花在他人身上！下一周我们将探讨为什么这样做会给你带来快乐。

策略 5：培育人际关系

如果你的目标是快乐地生活，那么社会关系的重要性就不能被忽视。快乐的人通常拥有更多的朋友和良好的社会支持，他们也更有可能拥有一个亲密的伴侣。当然，快乐和社会关系之间的关联绝对是双向的，是相互关联的。快乐的人往往更加外向，他们通常能在生活中找到更多乐趣和满足，这样的性格品质自然有利于培育和促进人际关系。然而，也有很多证据证明反向联系也同样成立：和谐的人际关系可以给人们带来幸福，通过培育社会联系和亲密关系，我们可以成为更快乐的人。

它为什么奏效？

我们对归属的需要源于达尔文的进化论。如果我们缺乏相互守望、互助共济的意愿和能力，人类和动物就不能生存和繁衍。与你归属的集体保持密切联系有助于保障你的基本生存，根据罗伊·鲍迈斯特（Roy Baumeister）等人的研究，感到被群体接受和归属是人类的基本需要。

社会支持也是至关重要的。如果你迁居到一个新的城市或乡村，在一处陌生之地需要有人帮忙或是需要感情支持时，若举目无亲，这样的处境是极其难受的。在我们遇到困难时，与我们有着各种社会联系的他人可以起到缓冲器的作用，他们帮助我们更好地理解生活里遇到的形形种种，分享他们的专业见解和生活智慧，在我们获得成绩和进步时，给我们祝福和鼓励。此外，尽管听起来可能有些奇怪，我们对他人的信任和依赖并不像我们对器物的喜爱和依赖那样喜新厌旧，比如我们对新款手机和一台新敞篷车的喜爱很快就会消退。不同于物质性拥趸，人的性情是充满活力和难以预测的，因此我们与他人之间的社会联系是处在不停变化中的，这样不断更新和充满活力的关系就比较不可能使我们彼此的信任和依赖产生"享乐适应"的不良结果。

付诸实践：同事关系

那些在职场中与你共事的同事们，对你的快乐有着极大的影响。那些有着负面性情的人——他们动不动就发脾气，或不停地抱怨——会使所有人都感到沮丧，而那些与人友善、待人热情的同事们则会使你感到愉快而有朝气。尤其在星期一的早晨，同事们对待你的态度真是太重要了。在职场生活里，你应该妥善处理好与同事的人际关系，优化工作环境的人际气氛。尽管批评别人是轻而易举的事，但更应该用心地把身边同事们的优点默默记在心里。对于那些性格与作风有些异类的同事，要试着欣赏他们在工作中的特别贡献之处，要知道正是共事者各自的不同工作风格给职场带来了更多创意和活力。你可能会联想到身边一些擅长人际交往的人，他们勤于培育自己的人际关系——他们经常给你送感谢卡；他们会很留意周边，主动和有一段时间没聊过的同事们寒暄；在你需要帮助的时候，他们常能注意到你的需求并慷慨伸出援手。试着去学习和应用这些人际关系技巧，在实践中不断完善，因为自己积极主动地付出，你会看到你身边的职场人际氛围变得更和谐、更令人愉快。

付诸实践：友谊

快乐的人至少拥有三个他们认可的好朋友。像任何一段良好的关系一样，友谊需要付出时间和努力去创建和维护。如果你希望改善你的朋友关系，可以考虑如下的几条建议。

第一，为朋友们付出时间并对他们的需求给予热情的关心。

第二，试着培养善于倾听的能力。善于倾听是一个极大的优点，但这一点的重要性却往往被人们低估。此外，请注重坦诚的、开诚布公式谈话的重要作用。当你这样做时，就是对倾听者发出这样的信号：你信任他或她。对别人开诚布公，能促使对方对你也坦诚相待。理解别人和被人理解都使人感觉美好。当然，让他人进入自己的生活和内心世界，对有些人来说不太容易，尤其在关系建立的初期阶段。这是很自然的事情，没有什么不对的。你对什么人以及在什么时候开诚布公，让彼此的交流更加深入，可以根据自己的感觉做适当的处理。

最后，像俗话所说："想交个好朋友，自己先做个好朋友！"让自己在朋友关系中变得更积极、更乐于助人、更忠诚。尽量让你的朋友们知道：在你的生命中，因为拥有他们的友情，你感到感恩而满足。

付诸实践：亲密关系

即使没有亲密关系，一个人也能度过充实和快乐的一生，但绝大多数研究仍提示我们：已婚者比单身汉们、离异者们或失去配偶的人生活更幸福。事实上，绝大多数人会在一生中的某个时间缔结姻缘，开始婚姻生活。前文讨论的培育友情关系的策略当然在亲密关系中也同样适用，对于经营和谐的亲密关系，我们有如下的进一步建议。

策略 1：**为你的伴侣留出时间。**当然，这往往是说起来容易做起来难，但这对于维持健康的亲密关系是非常重要的。每天至少花 15 分钟，关掉电视、放下手机，与你的伴侣交心聊聊，谈谈你的想法和感觉，或只是把这天发生的一件趣事讲给对方听。最重要的在于，把你在家庭生活之外的生活感受和收获与伴侣真挚地分享。

策略 2：**让你和你的伴侣从彼此的成功和好运里受益。**当伴侣分享他（她）的成功和收获时，你是表现出真挚的喜悦和热情，还是不以为然、表现轻蔑或感受到威胁？雪莉·盖布尔（Shelly Gable）在研究中发现，如果你想拥有亲密的、相互信任的伴侣关系，面对伴侣的成功和快乐时，积极和主动的态度是非常重要的。请反思一下你的亲密关系现状，当你的伴侣分享他或她的好消息时，你是如何反应和分享对方的成功的？

策略 3：**共同努力渡过难关，患难中见真情**。亲密伴侣如何共同应对负面的生活经历和情感体验也是非常重要的。在婚姻关系和伴侣关系中共同养育孩子，共同维持一个家庭，共同承担家庭财务负担，在这样的生活经历中，矛盾冲突是不可避免的，例如处理事情时彼此观点的不同、养育孩子方式的分歧、伴侣总是忘记用过马桶将盖子放下来，诸如此类的琐碎问题。想要培育彼此持久、幸福的亲密关系，以健康、开放的态度应对共同生活中的种种矛盾和摩擦是很关键的。

策略 4：**静下来真正用心地想一想伴侣的长处**。虽然相比对物质的拥有，对人的依赖较不容易使人产生享乐适应，但在经过了较长时间的共同生活之后，面对一位长期在你生活中相伴、关系稳定的亲密伴侣，人们还是容易将对方的存在和种种优点由新鲜和赞赏变成习以为常。请经常提醒自己保持对伴侣的爱意和欣赏的新鲜性，比如在清单上列出你特别欣赏的伴侣的优点，也可回顾你们的初次约会，或表白"我爱你"的那个令人难忘的旧时光，回想那时你对热恋着的伴侣所有的感觉和想法。

依照上述原则，社会心理学家阿瑟·阿伦（Arthur Aron）提出了一种方法，帮助伴侣们重回旧日时光，重新激发出初识和热恋时的感情火花。他建议和伴侣一起花时间完成一件对彼此有新鲜感或与平时不同的事情。一起去做一些挑战性的、激动人心的事情——如沿着一条新路线去远足，或一起尝试做一道风格奇异的菜肴。这样做能给伴侣们的脑神经提供新鲜的刺激，使伴侣们共同体验与平日居家生活不同的新奇和兴奋，这样的共同体验使他们仿佛重回相识和热恋的往昔时光，生活重新焕发出诗意和神奇，而这一切是在平淡的日常生活中很难经常体会到的。

第 3 周要点回顾

1. 社会攀比挫伤了个人的主观能动性；

2. 思虑过度没有可遵循的思维逻辑，容易失控；

3. 社会攀比和思虑过度都有碍于快乐的生活；

4. 实践友善之举能提升幸福感；

5. 用心培育人际关系能为你带来重要的收益，无论是在职场还是在家里。

展望

下周我们将为大家介绍四种行动策略。其中的两种与如何有效应对生活中的负面事件相关：①养成良好的应对机制；②学会宽容与宽恕；另外的两个策略帮助人们从转瞬即逝的当下生活里捕捉更多的快乐与满足：③注重品味生活；④关注自己的福流体验。下周的课程对此提出了几个具体的建议。

参考文献

Dunn, E. W., Aknin, L. B., & Norton, M. L. (2008). Spending money on others promotes happiness, *Science, 319*, 1687-1688.

Lyubomirsky, S. & Ross, L. (1997). Hedinic consequences of social comparison: A contractof happy and unhappy people. *Journal of Personality and Social Psychology, 73*, 1141-1157.

Myers, D. (1999). Close relationships and the quality of life. In D. Kahneman, E. Diener, & N. Schwarz (Eds.) , *Well-being: The foundations of hedonic psychology* (p.376-393). New York: Russell Sage Foundation.

Nolen-Hoeksema, S. (1991). Responses to depression and their effects on the duration of depressive episodes. *Journal of Abnormal Psychology, 100*, 569-582.

请对你学到的干预策略展开思考。

- 选择一项你认为会对自己有效的活动。你为什么认为它会对自己有效？设计一个详尽的计划，把这项活动付诸实践。

- 选择一项你可以建议某个人去实践的活动。你为什么认为它会对此人有效？这个活动对哪些人没有效果？请说出上述判断的原因。

POSITIVELY
HAPPY

第 4 周

应对、福流及品味

主编导读

本周一共为大家介绍了四个快乐策略：发展应对策略，学会宽容／宽恕，多做热爱之事，以及品味生活的喜乐，可谓干货满满。

发展应对策略和学会宽容／宽恕，是我们面对压力、困难和不幸时保持快乐与幸福感的两个应对策略。

无论怀有怎样美好的期待，我们的人生都不可能一帆风顺、万事如意。在面对不可避免的压力、挑战、困难、失败、挫折、逆境时，人类都会本能地进行应对。但是，应对有积极和建设性的，如本周提到的问题导向型应对和情绪导向型应对；也有消极和非建设性的，如回避型应对。回避型应对是指在面对压力和挫折时，不接纳现实并调整情绪，也不积极地解决问题，而是用抽烟、打游戏、疯狂购物、酗酒、吸毒等方式逃避。如果这些方式让我们暂时忘却了烦恼，那么当下次再遇到困扰时，我们就倾向于再次使用这些方式来逃避问题和不愉快的感受，这也是一些不健康、不积极的事物能让我们成瘾的原因之一。那么，积极的应对方式到底是怎样的？我们该如何建立积极应对的模式而不是习惯性地逃避呢？请在本周的课程中寻找答案。

在接下来的部分，作者对宽容和宽恕进行了讨论。宽容和宽恕是12个快乐提升策略中最有挑战性的，因为我们相信"以眼还眼，以牙还牙""君子报仇，十年不晚""一报还一报"……如果说原谅他人的无心之过还算比较容易的话，让我们宽恕那些伤害过我们的人或者"坏人"，就是难上加难了。本书睿智地解释了为什么宽容和宽恕可以提升我们的快乐与幸福感。很多时候，宽容和宽恕与对方无关。我们宽容和宽恕，是为了让自己的心灵获得自由和力量。试想，当我们深深地怨恨一个人的时候，实际上是让对方占据了我们的头脑和心灵，允许对方带给我们负面情绪，消耗我们的能量。而宽容和宽恕就是把伤害了我们的人和事放下，把负面的人和事从我们的内心驱逐出去，让能量回到我们自身，这样我们就拥有了快乐的力量。至于具体该怎么做，本书提供了很多将宽容宽恕策略付诸实践的方法，包括拥有同理心、写宽恕信等，建议大家积极尝试，消除心中的壁垒。

本周的另外两个策略：多做热爱之事（增加福流体验）和品味生活的喜乐，都是帮助我们生活在当下的快乐活动。

让我们感到不快乐的一个重要原因是，我们常常为过去懊悔、为未来担忧。实际上，过去已无法追回，未来尚未到来，我们真正能够控制的只有现在。而且，只有把握好现在，才能让未来不再有新的懊悔和遗憾。因此，让自己当下处于一个愉悦且高生产力的状态，对我们保持快乐非常重要。

让我们当下保持快乐与高生产力的策略之一，就是多做那些让我们热爱的事，多去做那些具有挑战性和吸引力、让我们可以物我两忘的事情。这样的一种体验，就是心理学中所说的"福流"（flow）状态。福流也被翻译成"心流"，这种状态不仅与快乐有关，也与成功有关，而快乐与成功又可以是互相促进的：快乐的人更容易成功，而成功也可使人更有成就感、更加快乐。

现代生活的种种压力让我们行色匆匆、满怀焦虑。品味生活的策略就是提醒我们：不妨暂停忙碌的脚步，打开自己的感官，去体验生活中的美好之事，大到科技进步带来的震撼，小到路边野花散发的幽香，远到高山大海的雄伟壮丽，近到孩子天真烂漫的笑脸……生活中的美好随处都在，关键是我们要有发现和品味美好的意识，而品味生活这项快乐干预策略实行起来也是很让人轻松愉悦的。让我们一起展卷学习，跟随作者用相机记录美妙的瞬间、用心灵感受美好，或者是每天都度过一个"迷你假期"。

　　如果你还希望学到更多关于"活在当下"的方法，本系列书籍中的《积极的正念》一书对这一话题进行了深入的探讨，其中有很多精彩的理论和方法，请大家千万不要错过。

上周，我们讨论了许多生活中与社会方面相关的幸福干预策略。从本质上来说，我们都是社会性动物，所以我们的幸福感会受到身边人的强烈影响，这并不奇怪。善待他人是改善情绪的好方法，正如培育良好的人际关系对我们的个人成就感至关重要。我们也对思虑过重和社会比较的负面效应进行了讨论，并提出了若干行动策略帮助人们克服这些不良的习惯。

策略 6：发展应对策略

如果无法让自己积极地面对损失、压力、失败和创伤，就不可能拥有丰富快乐的生活，因此，学会应对生活给予的种种考验和挑战是极其重要的。心理学家们把这个过程叫作应对（coping），它包括对压力和负面情绪的管理（**情绪应对**）以及拟定适当的行动步骤来应对特定的挑战（**问题应对**）。或许对以下发现你并不感到出乎意料：在大多数情况下，女性更善于进行情绪应对，而男性则更擅长问题应对。因此，女性应多学习问题应对，而男性则应多学习情绪应对。通过学习自己不那么擅长的应对风格，人们都会受益更多。

- 回想你经历负面生活事件的一段时间。你是如何管理情绪的?

- 你当时的应对方法有效吗? 它有效或无效的原因是什么?

- 你当时的应对行动属于情绪应对还是问题应对? 你为什么这样认为?

面对生活中出现的种种问题和挑战，知道如何有效地应对是非常重要的，这其中的原因有很多。如果你觉得无力应对负面情绪或压力事件，在生活中你就会失去很多机会。例如，你可能因为担心自己的新提议被上司驳回而不敢提出。如果你觉得自己无法应对这种拒绝，你可能就不太会冒类似的风险，因而失去迈向更大成功的可能。你的退缩和自我保护固然是安全的选择，但如果你想从成长和挑战中获益的话，这并不是理想的选择。

很多时候，有些我们必须面对的负面事件是无法控制的或是永久性的，如罹患严重的疾病或像亲人的辞世，对于这样重大的考验，具备情绪应对能力就变得尤为重要。这些能力技巧包括从困境中分散自己的注意力，或试着看到艰难的经历可以带给自己的益处。正如一位乳腺癌康复者所说：

我喜悦地打开了自己的生命之门，让生活奔流而入。现在，我会花时间去感觉、去倾听、去回应自己的生命之流。我对生命中这些新打开的门充满感激，它们赐予我如此丰富的机会，让我去给予并收获喜乐、灵感、鼓励和创造的礼物。我发现自己的生活如此令人激动、有意义、充满希望和乐趣。我甚至怀疑，如果不是经历了罹患癌症的这段生命历程，我是否还能发现这一切？

的确如此，很多人都说自己在困境里看到了"生活的美好"，这包括增加的社会支持、对自我效能和自我价值的新体察，以及更加珍惜每天的日常生活。当然，这些收获是以巨大的代价为前提的。但当你拥有应对消极情绪的能力时，创伤确实也有积极的一面。

付诸实践

第一个应对策略：表达式写作。

如果你正在经历一件负面生活事件，或仍为很久以前发生的事情而备受困扰的话，你也许能从詹姆斯·彭尼贝克（James Pennebaker）的表达式写作练习中受益，这种写作练习在帮助人们理解负面经历方面显示出惊人的成效。在表达式写作练习中，参与者接受的指导语如下。

在接下来的四天里，我希望你每天用至少 15 分钟的时间，就你人生中最痛苦的经历，写下你心里关于它的最深层的想法和感受。我非常希望你在这个写作活动里能把心结打开，通过写作去探索内心最深处的情感和思想。你写作的主题可以是你与他人的关系，包括与父母、恋人、朋友或亲戚的关系，也可以写写你的过去、现在或将来，或是写一写你过去的样子以及你希望成为的样子，或是你现在的样子。你可以在所有写作的日子里都以同样的一般性主题或经历为内容，也可以每天以不同的创伤、挫折为内容来写作。

尽管彭尼贝克的研究源于对创伤的关注，但他提出的应对策略也适用于应对日常生活中那些较轻微的烦恼和挫折。不难想象在组织或教育的场景下，上述表达式写作可以调整为适合特定情境要求的变形练习。员工们或学生们可以利用表达式写作表达内心的恐惧、失败感、社交困难或恼怒。刚开始时，这种表达式写作可能会使人感到伤痛。毕竟，人心都是趋乐避苦的，人们通常会避免想起"灰色"的生活事件！此外，你也可能会这样想："上周我刚学过不要思虑过度，现在这样做不是很像过度思虑吗？"事实上，尽管你的注意力也是集中在负面事件上，但这项写作活动却与过度思虑有着本质的区别。彭尼贝克的写作活动鼓励人们为创伤性事件构建出一个叙事框架，或许还可以将其视为一个更大的生活图景的组成部分。此外，指导者们还鼓励写作活动的参与者反思这段经历是如何给自己带来改变的，它对自己的心灵成长带来了哪些益处。简言之，表达式写作能帮助人们从个人成长、目标、自我价值和人际关系等诸多方面厘清挫折和痛苦带给我们的收获。

第二个应对策略的名字听起来有些生猛，但很有效：直面问题的思维斗争。基于针对抑郁症的认知行为疗法原则，该策略提出以下行动步骤。

1. 写下你面临的问题，如"我在假期里体重增加了 5 斤"；

2. 写下你对面临的问题的消极想法，"我意志力薄弱，也没有吸引力"；

3. 写出这些消极想法带来的后果，"没有人愿意与我约会""我没有

减肥的自我控制能力";

4. 与自己的消极思维做斗争，这是最难的一步！如"体重多了5斤真的不是什么大事""我有自我控制能力，我能减肥。以前我就做到过。""很多人都会在假期里增加一点体重。而且我变胖是因为我有很多朋友，他们都希望我去参加他们的聚餐！""没人愿意跟我约会这想法根本不符合事实";

5. 通过这种积极的重新解释，现在的你应该感到重新充满活力了，你受到自我激励，变得乐观，有信心把握解决问题的主动权。

我们的思维与我们的天性密不可分，所以与自己内心深处那些无益的、不理性的想法做斗争是很困难的，试着厘清自己的想法是有益的。从另外一个视角反思和校正在上述的行动步骤1和步骤2中列出的想法，这样做可以帮助你纠正负面思维。当你即将进入行动步骤4的时候，试着问你自己："如果我最好的朋友也读到了我对自己的那些消极想法，她或他会对我说什么？"

此外，你也可以尝试一种常见的"重构"（reframing）策略。应用此策略时，你对自己说："我的观点只是看待事物的一种方式。另外一种视角会是怎样的呢？"

最后，试着养成一种习惯，每当你重蹈覆辙、心里充斥着无助的念头时，学会"抓住自己"。试着察觉和识别："我又在悲观无助地看待自己了，我内心深处又有一些声音在阻拦我取得进步或者积极主动地应对问题了。"每当你察觉到自己的思维又重回这条老路时，立刻喝住自己："打住！"让自己避开这种自我挫败的思维歧途。

如果你发现自己缺乏应对困难的重要资源，那么现在就通过这些活动去建构和完善吧。此外，请记住，社会支持能使你受益匪浅！在自己遇到困难不堪重负时，不要拒绝别人的帮助，也不要低估外界援手给自己带来的重要帮助。上述的两种应对策略（"表达式写作"和"直面问题的思维"）都可以与一位值得信任的朋友一起完成。你应当把自己面对的痛苦告诉对方，或把自己习惯性的消极想法对他或她倾吐，以获得帮助。

策略 7：学会宽容宽恕

"以眼还眼，以牙还牙。"尽管这句话人尽皆知，但却很少人知道满怀怨恨和寻求报复是阻碍幸福的两大绊脚石。学会宽容、从思维和情绪上释放那些错误的负面想法对自身幸福感极其有益。甘地对古老谚语的诠释是颇为智慧的，"以眼还眼让整个世界变得盲目。"

宽恕，并不简单意味着我们忘记了他人带来的伤害，或帮其寻找借口。真正的宽恕是不再让冒犯者激起我们的负面反应，不再试图去伤害对方，或要对方付出同样的代价。这样的转变可能需要时间（"时间能治愈所有的伤痛"），可能需要考虑对方彼时的境况和动机，或者需要和对方直接沟通。如果你愿意学会宽容的话，下面的"付诸实践"部分运用上述原则，提供了一些促成宽恕的方法。

宽恕似乎是一个与组织文化或客户服务工作无关的话题，但实际上它在生活的每个领域都大有用处。在工作中，竞争很容易使人心怀怨恨，指责他人或只顾一己之私利。通常，如果缺乏宽容和相互理解，人际关系就会紧张化，环境气氛就会很不健康，这都会有碍于工作效率的提高。建议你花时间试着去了解同事们的行事动机，意识到心藏不满或敌意于人于己都是有害无益的，这样我们就能从记仇和睚眦必报的困境里解放自己，形成宽松和谐的集体气氛，工作也能因此变得更加令人愉快。

它为什么奏效？

尽管宽容和宽恕那些自己不喜欢的人或伤害自己的人往往是很难做到的，但那些真正做到的人通常更快乐、更有同情心，他们较少出现压抑、敌视、焦虑和神经质的情况。为什么会这样呢？要回答这个问题，请想一想心怀仇恨和遇事思虑过度两者间的很多相似性。这两者都是消极、负面的思维模式，都缺乏建设性的行动力。心怀怨恨通常会激发起各种各样的负面想法。比如，你可能会在头脑里把受到的侵犯一遍又一遍地重演，可能会就该事件对自己生活造成的不良后果反复咀嚼，你甚至还可能去设想种种对冒犯者实施报复的方式。显然，所有这些想法都无法帮助你从伤害中复原，都无法让你释怀。曼德拉的话有力地阐释了宽恕给我们的灵魂带来的彻底解放："他们已经囚禁了我 27 年，如果继续恨他们，我就仍在被囚禁之中。"

付诸实践

如果你觉得自己是一个想要宽恕而又无力做到的囚徒，假如你诚心诚意地想要宽恕对方，请考虑如下的行动策略并试着去实践。

方法 1：首先，想起那个你一直怀有不满或怨恨的人，试着以**同理心**超越他所做的事，把他作为一个人来理解。想一想你希望他知道些什么，你会对他说些什么？（一定是具有建设性的话哦！）请记住，我们的实际目的是让**自己**感觉更好，而不是为了那个人。想一想，如果宽恕了对方，你会有怎样的感觉？——以上的思维策略被实验证明是确实有效的，一组被试在释怀想象练习之后，心里的悲伤感和愤怒感都减轻了，身心压力减少了，个人的自控力增强了。与此形成对比的是，另一组被试在指导语的引导下让思维集中在痛苦的记忆里，结果他们的痛苦和愤怒依旧无法释怀。

方法 2：你还可以坐下来草拟一封**宽恕信**，写给伤害过你的人。同样地，做这件事的目的是让自己受益，而不是帮助你的施害者，所以没有必要写完信以后真的把它寄出去。写信的时候，认真想一想施害者所作行为的本质是什么，在信里就自己对此事的感觉和这件事对你产生的影响进行描述。这样做对你来说可能并不容易！如果实在很困难，心情痛苦到无法从容写出，那么不妨先来做一个"热身"性质的写作，围绕自己受过的一个较轻微的伤害写一封宽恕信，这个相对轻松的任务可能使你感觉非常好，从而激励你继续把那封性质更为沉重的宽恕信写出来。你也可以先把难以写下去的信放下，以后再续写。在某些情况下，你可以选择直接联系那个曾伤害过你的人。你也可以把写好的宽恕信真的发给对方，或更进一步，比如在态度上善待那个人。尽管你不是一定要这样做，但如果你真心想修补与此人的关系，那么做出宽恕和亲善之举可能是很重要的。

"真正做到宽恕的人通常更快乐，他们较少出现压抑、敌视、焦虑和神经质的情况。"

4.2 活动

回想一下你是否有过这样的经历：你专致入迷地做某件事情，以至于忘记了时间，甚至忘记了自己的存在。请描述一下当时的情形。

- 为何你会觉得这件事活动如此吸引人？

- 在这样的体验中你感受到快乐了吗？

策略 8：增加福流体验

希望你能想起一些自己经历过的、被心理学家米哈里·契克森米哈伊称为"福流"的例子。**福流**是一种人们在从事活动时极其专注和极其投入的状态，这类活动本身能够给人带来内在的回报感。福流体验被描述为"行动与意识的交融合一"。通常，当人们从事的活动难度既能够激发个体自身扩展各项能力，又不至于高不可攀、使人焦虑时，人们就会产生福流体验。福流体验可以从种类繁多、范围广泛的活动中获得，如参加体育运动、绘画、弹奏钢琴、攀岩或与人进行一番深入的交谈。有意思的是，福流体验并不是我们传统意义上理解的快乐，因为通常说的快乐需要我们聚焦在自身的情绪体验上。与此相反，处于福流状态中的人们对其所从事的活动如此专注和痴迷，以至于他们失去了自我意识，完全与所做的事合二为一。总而言之，这些令人忘我的活动留给人们的记忆是如此不可思议且迷人和愉快，以至于人们会渴望再次体验那种感觉。

为什么奏效？

契克森米哈伊认为，美好的、快乐的生活就是把尽可能多的时间花在能带来福流体验的活动中。人们参与这类能带来福流体验的活动是因为它们可以给个体带来丰厚的收益。经历过福流体验的人都知道，这类活动能激发出一种"自然的兴奋"。此外，福流体验也有着自身强化的特性：能带来福流体验的活动让人持续地产生高峰体验，从而使我们想再次参与并再现与活动融为一体的兴奋和快乐。因为这种福流状态可以提升我们的能力、挑战我们的极限，随着活动表现的提高，我们需要持续不断地为活动增加难度。因此，在那些对你而言富有内在价值的生活领域中，经常性的福流体验可以激发和促进我们的表现，提升生活的品质。此外，经常获得福流体验的人会感受到参与生活的丰富和满足感。在富有挑战性的福流体验活动里，你不可能以消极无为的态度参与其中，也不可能因感觉稳操胜券而自鸣得意。总而言之，我们很容易理解，为什么契克森米哈伊把"福流"这个词等同于"最优质的投入"。

付诸实践

福流的妙处在于我们所做的几乎任何事情都可以激发出这种体验。本文作者之一杰米·库尔兹分享了自己的一段经历。

在高中时，我（杰米·库尔兹）有一份杂货店收银员的兼职工作，毫无疑问这是一份低技能、低挑战性的工作。我很不喜欢这份工作。有一天，我决定给这份乏味的兼职增加些挑战性，通过努力提高我的"每分钟扫码货品的数量"（不错，他们的确会记录这个）尝试做一个更有效率的杂货店收银员。我试着快速寻找每件货品的条码位置，更加敏捷、快速地完成扫码，同时要考虑如何把货品以最合理的方式放置到购物袋中。如此专注的工作使时间过得飞快。感觉时间飞逝的一部分原因是我全神贯注地投入工作，不断提升扫码收银的工作技能，以至于忘记了时间；此外可能还因为，我真是太专注了，以至于没有时间分神去看表，没有时间再关心自己的苦恼！

上述故事的有趣之处在于，福流体验的概念可以应用于改进我们的工作。杰米讨厌兼职工作，这是因为它没有足够的挑战性，没有为她擅长的技能提供足够的用武之地。一旦她对自己的工作效率提出了挑战，收银员的工作就变得更有意思了。同样的道理，当你与一个喋喋不休的客户或学生一起工作时，要留意他们是否抱怨所做的事情令人厌烦或沮丧。如果他们有上述表现，可能说明他们**面对的挑战**与他们的**技能水平**相比，要么难度太低，要么难度太高。了解这一点对你着手改进现状很有帮助，它可以让你在做事情时，要么提升技能，要么调整挑战的难度，从而更容易进入福流状态。

4.3 思考

- 回想一件你参与过的、你认为是低技能、低挑战的活动。思考一下如何使这项活动更具挑战性，激发出可让自己专致投入的福流体验。在接下来的几天里，请着手试一试如何做到这一点。

- 想一想你是否参加过这样的活动：你原本觉得这项活动没什么意思，后来开始投入其中。这些活动在最初无法使你产生福流体验的原因是什么？后来在做这件事的时候，你是怎样使其变得具有挑战性或吸引力，使自己乐于投入其中的？如果还在参与同样的活动，将来你预备怎样进一步改进它，使其更具挑战性？

- 在一些生活中无法使人产生福流体验的活动里，你也能够应用类似的改进方法赋予它们新的活力吗？

尽管"工作"这个词在我们的社会生活里有时带有负面含义，但契克森米哈伊发现，相比闲暇时，人们在工作中体验到的福流更多。一般而言，绝大多数工作的确都有一定的挑战性（如果你的工作并非如此，请尝试前面刚讨论过的建议！）你的工作可以是一份生计、一份职业或是一份使命。如果你目前从事的工作只是需要一份薪水，如果你总是盼着下班，如果你对自己的工作不想付出任何努力或任何意愿加以改进，那么工作对于你来说就只是一项**"生计"**。对你而言，工作是必要的痛苦（正如对以前的杰米而言，杂货店兼职毫无疑问就是一项生计！）相比之下，工作还可以被当作一份**"职业"**来看待，它可以为人们带来进步的机会。它或许并没有足够丰厚的内在回报，但人们重视和坚守这份职业，对未来可能的晋升、丰厚薪资和红利、权力、地位等抱有期待。最后一种情况，人们将工作视为一种**"使命"**，这部分人投入工作不是为了薪水或是希望得到晋升，投入其中是出于对工作本身的重视和热爱，而不是为了通过工作得到某种利益回报。视工作为使命的人会这样看待他们为之努力的事情："你可以说我一生的每一分钟都在工作，你也可以说我从未工作过一天。"显然，使命本身就能使人得到丰富的福流体验。然而，除此以外，在你的"生计"或"职业"中去创造福流体验，使自己的工作更具吸引力和成就感也是可能做到的！在工作和生活中，如果你需要帮身边的人在日常生活中找到更多的福流体验机会，建议你引导人们在工作中提升挑战性，从而增加工作中的福流体验（同时帮助人们避免因过大的工作压力或过度的时间压力而导致的负面影响）。

此外，也请想一想你在业余时间都做了什么？对于生活在旧时代的先辈们，大量的休闲时间是不存在的，休闲的概念其实是现代生活的产物。有钱可花是必要的，但钱并不一定能换来幸福，闲暇时光与幸福的关系也同样如此。闲暇时间的多少不是最关键的，最重要的是如何利用闲暇时间。契克森米哈伊相信，度过休闲时光的方式实际上给大多数人提出了一个巨大的挑战。尽管我们绝大多数人都会盼着一天的工作早点结束，盼望连休三天的长周末，对度假有着种种的美妙想象，可实际上大多数人极其不擅长安排闲暇时间，他们宁愿选择一些消极被动的休息方式，领略不到积极、新颖的休闲活动可以带来的巨大乐趣和益处。毋庸置疑，下班回到家里、习惯性地打开电视机，比学习弹吉他、和朋友们打一场篮球或写诗作画更轻松省力。所以，当以慵懒、消极的方式"打发时间"的想法占了上风时，请多想一想能激发福流体验的休闲活动能够带来的诸多收益，这一点很重要。去接受和拥抱新的、有挑战性的休闲体验吧，努力对你和周围人的休闲方式作出改变。参加一个烹饪班或摄影班，学一门外语或一种乐器，开辟一条新的远足路线……简言之，永远不要停下学习的脚步。最令人欣慰的一点是，积极求知的新休闲方式不仅能使你获得更多快乐，还能改善你的人际关系，拓展出更多富有吸引力的活动，这是一个通向幸福的上升式螺旋！

此外，请用心体察哪些活动最能激发和丰富你的福流体验，建议其他人也参与类似的活动。一些人可能对于福流体验活动的美妙尚缺乏体验，也不知道该如何去获得它（正如无数人对不得不上班这件事也是满腹牢骚一样！）不妨考虑去做一些特别的事情。你可能觉得写诗让你有挫败感，很难提起兴致，但你可能很喜欢户外活动。那么就试着在户外活动中获得令人身心振奋的福流体验吧。如果你喜爱园艺，那么请多多开展这项活动，或尝试一些其他的户外休闲活动。成功获得福流体验的关键是**全身心地投入自己热爱的活动**。

策略 9：品味生活之喜乐

尽管品味和福流两者都能提升幸福感，品味几乎可以被视为福流的另一面。福流状态的特点是人们全神贯注于从事的活动，以至于忘怀自我，无暇关注和体察自己的意识和情感；而品味则是另一种过程，即沉浸于某些思绪和活动里，这些思绪和活动正"产生、强化或延续某种积极体验带来的喜乐"。这个定义似乎有些宽泛，然而品味正是如此！品味可使人们对当下的体验获得更强烈、深入的体察，也可借由怀旧或沉思去品味过去，同样地，还可以通过憧憬去品味未来。鉴于本课程的宗旨，我们介绍的方法主要侧重于帮助大家品味当下的体验。正如法国作家弗朗索瓦·德·拉罗什富科（François de la Rochefoucault）所说的："快乐并不存在于事物本身，而诞生于我们对事物的回味。"换句话说，回味或品味的确是最关键的过程，它是萃取快乐的点金之石，帮助我们从日常平凡而珍贵的生活体验中提炼积极美好的情感享受。

4.4 思考

环视你周围的环境，记录一个（或多个）你习以为常的事物。比如正在歌唱的小鸟、窗外的景色、家里悬挂的你最喜欢的一幅画、你正在啜饮的一杯茶，或正在不远处安静打盹的猫。停下你正在做的其他事情，对这些习以为常的事情给予尽可能多的关注。想想这一体验中有哪些令人愉快的特点，你又体察到哪些愉悦的感官感受和内心思绪，请把你感受到的和想到的细节列出来。这样做是否使你对这些事物有了更多的品味和欣赏？若是如此，这样的新感受持续了多长时间？如果这样做仍无法把你带进细细品味的境界，原因何在？你怎样才能把刚获得的经验扩大化，把学习品味和欣赏生活之美的技巧更多地应用到日常生活中？

那些善于品味生活的人往往更快乐，更懂得欣赏生活的美好。其中一个原因是品味的过程就是把我们认为理所当然的事情放在我们注意力的最前沿，从而抑制对快乐享受的适应。学习细品生活之美也是每个人都能学习和实践的幸福策略。我们都有敏锐丰富的感受能力和体验，在生活中我们都拥有一些值得倍加珍惜的事物。现在我们需要放慢脚步，静下心，关注生活中点点滴滴的美好，使细品生活成为培育积极、乐观情感的活水之源。

付诸实践

品味不见得是最容易做到的一件事，它是一个需要集中注意力，体验情感的复杂、微妙的过程。品味的技巧包含沉浸或积极地关注感官体验等身心统一的活动。一项研究发现，相比被分散注意力的人，那些被指导用心品尝一块巧克力的人更能体会到它的美味（请节食者注意：那些专注品尝食物的人摄入的食物总量通常较少！）所以，在享用午餐时请仔细品味盘中餐的丰富滋味和质感。另外，请留心观察卧室窗外那些曾被你忽视的风景，或用心听一听鸟儿和蟋蟀的吟唱。在上班的通勤路上，请留心观察沿途的自然风景或建筑物，对时时处处存在的美打开你的感官和心扉。

所有这一切的基础在于怀有正念——即拥有对当下的体验保持全力关注的能力——对我们很重要。那么什么人是拥有品味和正念能力的人呢？在下述这些问题中，这部分人的选择均为"否"，问题包括"我感觉自己似乎处在'机械自动化运转'的状态，做事时很少真地去察觉自己在做什么"，以及"通常不管去什么地方，我都很快抵达，一路上经过什么我根本不会去注意"。柯克·布朗（Kirk Brown）和理查德·瑞恩（Richard Ryan）在研究中发现，那些品味能力优异的人更懂得欣赏，也更快乐。保持正念的能力可以在冥想（后面将讨论）和其他一些要求集中意识和觉察力的活动中得到培养。

如果保持正念对你来说有难度（随着电子邮件、手机、音乐播放器及其他层出不穷的、分散注意力的电子玩意儿的增多，谁不是如此呢？）你可以考虑参加一些有利于你培养专注（focus）能力的活动。此外，在工作场合，尽量减少多线工作任务的分配。建议大家每天把随身的各类电子用品关闭一小段时间，让自己有一段安静、不受打扰的时间，理一理思绪或放松一下，以便更顺利地开展后面的工作。当你和一位朋友或一个重要的人在一起时，请把电视、电脑、手机和其他会带来干扰的电子产品都关掉。

弗雷德·布莱恩特和约瑟夫·维洛夫提出了另一项建议，鼓励人们以更积极自觉的态度（而不是被动的方式）去细品生活，就好像是在忙碌的生活中给自己一个"迷你假期"。具体而言，他们建议每天抽出至少20分钟去做自己喜欢的事情。这类事情可以（而且应该！）是日常性的活动，如品茶、沐浴、和一个好友相聚，或坐在花园里小憩。如果你将每天的迷你活动安排得丰富多样，"迷你假期"就能发挥最佳效果。在你能全身心沉浸在活动中之前，试着把脑子里负面的或其他干扰性的想法、牵挂和责任都除掉，然后开始享受你的"迷你假期"，心无旁骛地、全身心地沉浸进去，体味活动给予自己的乐趣。开放所有的感官，细细去感受和品味周遭的环境、事物，深入体察和辨别你与它们相互交融、回应的情感流动。在这美好的 20 分钟结束后，回顾刚才的经历，重温它给予你的体验和感受。

建议你现在就开始为明天的"迷你假期"做一个新计划，并怀着美好的心情期待它的到来。如果每天都进行"迷你假期"并不适合你的日程，也可根据自己的情况安排下一次的时间。弗雷德·布莱恩特和约瑟夫·维洛夫发现，通过充分享受这类"迷你假期"活动，人们学会了在日常生活中以更积极主动的态度去品味种种美好。"迷你假期"带来的有益启迪同样可以应用于职场或教育场景中。

另一个细品生活的活动策略是利用相机或手机帮助你发现和关注周遭环境中的美好或值得留意之处。布莱恩特和维洛夫的建议如以下 7 个步骤。

- 第 1 步：用一台你熟知用法的相机或手机。这样你就不必去花时间纠结如何使用了。

- 第 2 步：去一个阳光灿烂的安静之处，最好是一个你熟悉的、离家不远的地方。如果你住在城市，可以去附近的公园。

- 第 3 步：站在选定的地点，四处观察，看一看视线所及之处的景色。

- 第 4 步：锁定一个拍摄对象，如一棵树、一个花圃或一栋有特色的建筑物，拍下有趣之处。像摄影师一样去观察它。考虑拍照的光线、质感、色彩、形状等因素。

- 第 5 步：从不同的角度为拍摄对象拍照，展示出它在不同视角里的多样面貌。这不是在进行摄影竞赛，所以你只需随着自己的兴趣去拍照。这项活动的一个变形是，仔细观察选定的拍摄对象，尽自己所能拍出一张最完美的照片。

- 第 6 步：寻找另外一个拍摄对象，重复第 4 步和第 5 步。

- 第 7 步：尽快将拍摄成果冲印或导出，仔细鉴赏亲手拍摄的这批作品。这项活动应该能帮助你学会关注和欣赏生活中的美好之处。

杰米·库尔兹也提出了一种促进人们更加充分地欣赏当下生活的行动技巧，这一技巧提醒人们聚焦于一个事实-——自己当下拥有的体验是转瞬即逝的，可能很快就不存在了。在毕业前大约 6 周的时候，研究者针对大四学生做了一份关于大学生活感受的调查。在实验中，参与者被随机分成两部分，一部分参与者被告知毕业的时间还很遥远（"再过一年的 1/10 才毕业呢"），另一部分则被告知毕业将近（"只有大约 1200 个小时就要毕业了"）。有趣的是，在实验开始的两周时间里，那些被告知毕业将近的大学生们已经开始充分利用所剩不多的校园时光，参与更多与校园相关的活动，如在校园里散步、欣赏可爱的校园风景、看望朋友们、拍摄照片等。在接下来的两周里，这部分学生对校园生活的感受也更快乐。可能因感受到毕业临近，他们对大学生活更加投入、更加珍惜，给他们带来了更多的益处。

所以，如果上述行动策略对你来说不是那么难的话，请好好想一想或写下你生活中那些转瞬即逝的事物。在你的常居地，你会经历和体验四季风物的变化，那么请对各个季节不同的美好细加体察和珍惜。想一想处于成长中的孩子们，他们的每个年龄阶段都如此短暂，如此不可重复。请珍爱你常见到的朋友们和家人们，他们的存在和陪伴是多么的温暖。你甚至可以更深入一些，反思生命本身的短暂和无常。毕生发展心理学家劳拉·卡斯滕森（Laura Carstensen）的研究表明，这样的心态能激励人们重新定位自己的生活目标，并对熟悉的人和美好的事物倍加珍惜。

请想一想品味和福流，二者的共同之处都是增进即时体验，那么它们的区别何在？福流体验是否更适合某些类型的活动，而品味则有益于另一些种类的活动？请举几个例子。

第 4 周要点回顾

1. 帮助人们增进快乐与幸福的情绪应对策略和过程导向的问题应对策略，是多种多样的。

2. 宽容并不意味着谅解某种行为或接受伤害，相反，它的要义是释放自己的负面感受。

3. 福流体验是当挑战和技能达到很好的匹配时产生的专注行为。

4. 福流体验可以有针对性地应用于工作中，提升工作品质。

5. 品味是对积极体验的扩展和延伸。

6. 有很多简单可行的方法可以帮助人们提升品味能力。

展望

在接下来的课程里，我们还有三种幸福策略要呈现给大家。你将学习如何构建和努力追求自己的目标，如何培养灵性或追求精神成长，以及如何通过锻炼照顾好自己的身体。

参考文献

Brown, K. W. & Ryan, R. M. (2003). The benefits of being present: Mindfulness and its role in psychological well-being. *Journal of Personality and Social Psyckology, 84*, 822-848.

Bryant, F. B. & Veroff, J. (2007). *Savouring: A new model of posifive experience.* Mahwah, NJ: Lawrence Erlbaum Associates.

Csikszentmihalyi, M. (1990). Flow: The psychology of optimal experience. NewYork: Harper Collins.

McCullough, M. E. (2001). Forgiveness: Who does it and how do they do it? *Current Directions in Psychological. Science, 10*, 194-197.

Tedeschi, R. G. & Calhoun, L. G. (2004). Posttraumatic growth: Conceptualfoundations and empirical evidence. *Psychological Iniquiry, 15*, 1-18.

POSITIVELY HAPPY

第 5 周

关照好自己的身体、精神与目标

主编导读

本周课程为大家介绍 12 个快乐干预策略中的最后 3 个：致力实现目标，追求精神成长以及关照自己的身体。

作者首先对努力追求目标所带来的裨益进行了探讨。虽然这一干预策略的名称是"致力实现目标"，但研究表明，即使没有成功实现目标，设定和追求目标也会提高个体的快乐与幸福感。这听起来似乎有点违反常理，但巴塞尔大学 2019 年的一项研究发现，实现目标确实会让人更快乐，不过即使失败了，只要设定了目标并为之奋斗，就会让我们更快乐。因此，请不要因为害怕无法实现而不去设定目标。无论结果如何，设立并追求积极的目标都能促进我们的快乐与幸福。

那么，是不是所有的目标都对我们有益呢？是否存在不利于我们快乐的目标呢？你将在本周获得这些问题的答案。

除了实现目标外，本周还讨论了追求精神成长。很多人之所以不快乐，不是因为贫穷、失恋、学业不佳、工作不顺、人际关系不良等"具体"问题，而是源于对诸如价值观、人生观和世界观等"抽象"问题的困惑。而且，往往越是爱思考、高智商和优秀的人越容易产生因找不到人生的意义和目的而导致的精神痛苦。因此，本周课程特别将追求精神成长作为快乐的干预策略之一，我深以为然。

最后，本周课程讨论了身体状态对快乐的意义。我的老师、积极心理学的创始人马丁·塞利格曼教授在宾夕法尼亚大学的积极心理学课堂上多次强调："人要健康和快乐，不仅要关注脖子以上——我们怎么想；还要关注脖子以下——我们的身体状况。"的确，人的身心是一体的。一些不快乐或者抑郁的人不仅仅是因为"矫情""想不开"，或者"不会调节情绪"，很多时候，是因为身体状态失调，导致身心崩溃。因此，一位好的心理咨询师、治疗师，不会给所有的来访者都做精神分析或认知疗法等改变"想法"的干预，至少对一部分来访者来说，一定要从身心整体的角度进行干预。目前，有经验的咨询师和治疗师在给有情绪困扰的人进行干预时，除了心理咨询和药物治疗外，还会为他们开一剂良药：运动。因为运动时，人体会释放去甲肾上腺素、多巴胺和血清素等神经递质，血液中的内源性大麻素含量也会增加，这些生化物质会减轻身体疼痛、减少焦虑和抑郁，给人带来平静与快乐。

运动既包括"动态"的，如体育锻炼；也包括"静态"的，如正念冥想等。除运动外，良好的睡眠和饮食对我们的快乐和幸福也至关重要。请认真阅读本周的内容，并遵循作者的建议去实践，你一定能在关照自己身体的过程中变得更健康、更快乐！

上一周，我们讨论了各种能让自己变得更快乐的策略。这些策略包括如何应对负面事物和品味美好的方法，以及如何通过练习找到并去除那些影响我们积极参与和体验福流的问题。本周，我们会对现实目标、精神成长和身体健康进行一番讨论，这将是快乐提升策略的最后一部分内容。

策略 10：致力实现目标

追求目标是与绝大多数人有关的。我们都有各自的目标，尽管在目标规模和复杂程度上有别。有些人希望开创一番事业，有些人则只是想好好享受周末；有些人梦想去旅行，而有些人则计划在退休后参与更多的志愿者活动。不同的人不仅有着不同的目标，每个人的动机水平和为之付出的努力也有很大的不同；还有可能你对一些目标孜孜以求，而对另一些目标则只是偶尔尝试一下。无论是宏伟的还是寻常无奇的，无论是热烈追求的还是留有余力的，各种目标都与我们的快乐密切相关。

目标的问题在我们的职业生活中特别显著。我们有着短期计划和长期希望，不论我们如何定义这些目标，我们都在努力追求着进步、成长和成功。事实上，我们的职业道路一直充斥着一系列的目标，从我们上学时作出的种种选择，到与我们第一份工作相关的种种决定，再到进入职场后我们所执行的每一个项目。不管你是一个人生教练、一个人力资源总监，还是从事其他职业，你都会越来越意识到这样一个事实：并非所有的目标都靠谱。一些流行的缩略语——诸如 SMART 式目标：具体的（Specific）、可衡量的（Measurable）、可实现的（Attainable）、相关的（Relevant）和有时限性的（Time-based）——其含义说明好的目标有一些共同的特点。比如，它们应该是可以实现的，达致目标的成功是可衡量的，目标的实现也应该有一个确定的期限。在发展和研究高效的目标方面，积极心理学的研究为我们贡献了崭新且重要的洞见。在我们对这些观点进行深入探讨之前，请先花点时间来思考一下你的目标。

"并非所有的目标都靠谱。"

5.1 思考

请想一想当前对你来说重要的或是在近期的生活中被你视为重要的目标。"目标"包括意图、希望、愿望和动机。请在下面列出 1~8 项你认为最重要、最具意义的目标。

1.

2.

3.

4.

5.

6.

7.

8.

它为什么奏效？

为什么即使我们常要为此付出艰辛的努力，追求目标仍对提升快乐大有助益？至少有五个理由能解释这个问题。

第一，目标赋予我们的生活以目的和结构。正如一位研究生写道：

"自从我决定要找一份做学术研究的工作，我的精力就变得更专注了，感觉做事情的效率也有了很大的提高。另外让我感到惊奇的是，我也真地准备好了应对任何失败（比如求职失败）。有趣的是，当你为自己树立了目标的时候，你也做好了无法达成目标的准备。但如果没有目标，你根本没法为应对任何事情做好准备。"

第二，目标给了我们一种自我认同感和自尊。相较于缺乏生活目标、漫无目的地茫然虚度一生，努力追求理想使我们感到自己有能力，生活尽在自己掌控之中。

第三，对理想和目标的追求在生活中发挥着应对机制的作用，当生活的某个方面进展不顺利时，为理想和目标而奋斗能使你心无旁骛，泰然应对外在负面因素的干扰。

第四，拥有奋斗目标可以帮助我们在生活中有的放矢地做出种种决策，让我们注意合理利用时间——广为人知的好做法是，确立高远的目标（如创立自己的生意），把它分解为若干较小的实施步骤（如做市场调研、与潜在合作伙伴或投资者洽谈），并拟定一个时间表实施上述计划。

第五，为理想而奋斗能帮助你建立新的社会纽带和人际联系，这是你在其他地方找不到的。如果上述种种益处还不足以使你相信树立目标的重要性，那么建议你不妨设想一下，若人的生活毫无目标会是怎样的情景！

如果你已经意识到追求理想与目标的重要意义，请考虑如下的几点建议。看一看前面你自己列出的目标列表。实际上，仅仅是列出目标清单这一简单举动就能带来情感推动力，使你认识到自己所珍视的价值和为之奋斗的事物。话虽如此，大量研究告诉我们，某些类型的目标对提升人们的幸福感与快乐水平的作用更为显著。这一点在你身上得到证实了吗，想想你列出的一些目标是否比其他目标更能让你感到快乐？这是为什么？

重要的是要对那些具有本真性质的目标予以最多的关注，所谓本真（authentic）即意味着这类目标与你的天性最匹配，对它们的追求源于你自己的兴趣和内心的愿望，而非出自你的朋友、合作伙伴或家人的期望。 这些目标本身也应是自足的（intrinsic），即意味着你投身其中能得到快乐与幸福的回报，而非将其作为达到某种目标的手段。还记得把工作分别视为谋生手段、职业或使命的想法吗？把工作视为职业，即是把工作作为达到某个目的（如薪酬或职位）的手段，而那些视工作为使命的人则感觉工作本身就是令人充实的、极具价值的和让人有内驱力的。此外，你设定的目标应该是趋向型（approach-focused）的，而非回避型（avoidance-focused）的。这意味着你设立的目标旨在积极追求一种理想的结果（如结识一位新朋友、学习弹钢琴），而不是为了逃避某种负面的困扰（如确保你的老板不生气）。趋向型目标使人更加受益。相比那些拼命追逐回避型目标的人们，为趋向型目标而不懈努力的人生活得更快乐、更健康，而且较少紧张与焦虑的情绪。

提示：当我们与客户一起工作时，我们常鼓励他们拟定自己的目标并为之努力。然而，我们有时会忽略可能存在的"目标冲突"问题。有时，不同的目标之间会发生冲突或排斥，尤其当这些目标需要同样的资源、在对资源的利用上形成竞争和互斥的时候。所以，更好的做法是，对客户拟定的目标进行检视，与他们讨论可能出现的潜在目标冲突。

另一个需要考虑的问题是设定的目标在短时间内实现的可能性。假如你是一位一年级的硕士研究生，将"完成学位论文"作为一项重要的目标，那么请考虑这样的事实——完成学位论文是一项很宽泛的、很抽象的目标，一个值得推荐的做法是把它分解为若干小的、更具体的子目标，如"找一位好的研究导师""每周至少花 5 小时阅读相关的文献"，或"每月与朋友们就可能的研究主题进行一次讨论",这种做法对你而言更有推动力。逐步完成子目标的做法大有助益,因为每一个子目标的达成都会为你实现更大的终极目标(完成学位论文)提供资源和动力。这一做法也能帮助你创建清晰的行动路线,而不是空有一个宏伟、抽象的远景目标,拿不出具体的目标达成规划。

"即使常要为此付出艰辛的努力,追求目标仍对提升快乐大有助益。"

5.2 活动

回顾你之前所列的目标列表。针对每一个目标，注明此目标是本真的还是非本真的，是自足的还是非自足的，是趋向型的还是回避型的，是具体的（可实现的）还是抽象的。请思考，你能否把所有拟定的目标都塑造成本真的、自足的、趋向型和具体可行的？

策略 11：追求精神成长

如果你仔细观察佛陀的画像，会发现他常是笑容可掬的模样。尽管我们中的很多人对信仰和灵性有一些刻板印象，但研究表明，信仰和灵性给人们的生活带来的更多是喜乐。崇尚科学和理性的心理学家们虽然对信仰和灵性的研究没有对其他领域的研究多，却难以否认其效果和影响。事实上，47% 每周参加几次与信仰相关的活动的人表示，他们"非常快乐"；而在每个月参加类似活动少于一次的人当中，只有 28% 表示自己非常快乐。

它为什么奏效？

正如人们对婚姻与快乐的关系讨论一样，精神成长和快乐的相互联系是怎样建立起来的，尚未有确切的结论。精神成长和快乐的关系是复杂的，但我们仍能给出几种可能的解释。首先，追求精神成长的人通常对酗酒和吸毒等不良嗜好持反对态度，因此他们的生活方式往往更健康，也会由此而感到更快乐。更有意思的是，追求精神成长往往会让你获得在家庭、朋友和同事等关系之外的其他社会支持。比如，当你去参加一场与信仰或心灵成长有关的活动，你通常都会受到温暖的对待。而当你参加精神成长团体组织的志愿者活动的时候，这些活动往往会让你享受亲社会行为带来的益处。

当然，上述这些益处也能从其他途径获得，比如减肥塑身活动或医生们推荐的健康生活项目。保龄球联盟和读书俱乐部也能提供社会支持，通过慈善组织也可以做义工。那么，比起这些同样能使人受益的途径，追求精神成长有什么特别之处吗？

是的，对宇宙奥秘和人生目的的沉思和探寻，能够给你的生活带来更广泛的意义。信仰和精神性的活动大多都会导向一种终极的、超越性的状态，让你去追求美好的境界或实现精神涅槃，这会给你的生活带来意义，让你的心灵始终有所追求、有所依托。同时，知道一种宏大的、仁慈的力量在关怀着你、无条件地爱着你，这也会给你带来安慰。对信仰和心灵的追求能够帮助人们更好地理解并应对生活中的困难。

有些人不参加教会的活动，也不隶属于任何宗教组织，但却自认为是具有精神性的。精神性（spirituality）也可称为灵性，被定义为"追求神圣"，相信有超越自己的存在。对宇宙意义的精神追寻不像传统的宗教活动那么形式化，因此，它通常缺少组织性的社会支持，不像参加教会、庙宇活动那样。不过，精神性活动包括祈祷、正念、冥想或其他形式的对人生意义的思考，这本身就会给人带来益处。追求精神成长的人，倾向于比非精神追求的人更快乐，他们也报告有更融洽的婚姻关系、更好的应对能力、更高的健康水平，甚至更长寿。

5.3 思考

请花一点时间整理一下你对精神生活的想法，对追求心灵成长可能给人们带来的益处写下一些看法。以及谈一谈为什么这些益处不太可能从其他活动中获得？

付诸实践

　　追求精神成长的策略尤其显示出快乐行动与自己匹配的重要性。你无法仅仅下一个决定，自己要从此成为一个有信仰的或者有精神追求的人，从此便变得更快乐。如果这一策略不适合你，它就不会特别有效。有研究者让人们描述自己参加灵性相关活动的原因，那些有"外在信仰"的人参加活动的动机是社会因素，比如能够认识很多人，或者是受到了人际压力而不得不参加，而那些有"内在信仰"的人参加活动则是因为他们发现这些活动让自己很充实并有收获。令人毫不意外的是，那些有内在信仰的人比有外在信仰的人更加快乐。

　　如果你认为自己是一个有信仰或追求心灵成长的人，我们建议让这些精神追求在你的生活中扮演更重要的角色。如果你太忙了，没有时间投入精神成长，不妨重新规划一下生活中的优先事项。你可以更积极地参与精神成长性活动，或者做义工等，也可以阅读与心灵成长相关的书籍、参与读书讨论。当你感到担忧的时候，祈福可以让你感到与宏大的宇宙相联，给你带来非论断性的、仁慈的支持资源，让你的灵魂得到安宁。你还可以感谢天地万物给予你的生活一些美好之物，这与表达感恩很像，而我们已经知道，感恩会给人带来很多裨益。

　　实践精神成长的一个方法是冥想。冥想对我们身心的益处如此明显，值得我们用更多的篇幅来谈论它。冥想的人们把冥想的感受喻之为"变革性的",这并不奇怪。研究已经显示,经常进行冥想的人身体更健康、压力更小、更加快乐,甚至还有更强的认知能力。对这一结论你可能会怀有疑虑——这些人是不是本身就有这些长处,所以才更偏爱冥想。研究者们注意到这种可能性,因此做了进一步的研究。他们将参与者随机分为两组,一组进行为期8周的正念冥想,另一组不参与冥想活动。结果发现,冥想组的参与者们在项目结束后变得更快乐,焦虑也减轻了。更令人惊奇的是,冥想组参与者们的大脑活动也发生了改变!尤其是,冥想组参与者们的左前额叶皮质比右前额叶皮质的活动更加活跃,而这是快乐人士的大脑活动特征。尽管投入冥想并非轻而易举,但如果冥想的这些好处都不能说服你去练习冥想,我真不知道还有什么能说服你!

传统的冥想有四个基本要素。第一,你需要一个安静的地方,远离纷扰;第二,你需要保持舒适、沉静的姿态。坐姿好过躺姿,脊椎骨挺直坐着,刚开始的时候不需要做高难度的盘腿坐姿;第三,你需要锁定一个事物,来帮助自己集中注意力。意念可以锁定你的呼吸或是一个中性的声音、一个词或一条箴言;第四,也是最重要的一点,在冥想时,你需要保持一种无为的、放松的态度,让你的思绪来去自如,毫无挂碍。重要的事是要开始去做,享受冥想的妙趣。让自己的心绪放松、宁静,把注意力集中在一个事物上,保持10分钟。现在,一些工作场所已经开始为员工提供冥想课程,并且已经产生了颇为有益的影响。

策略 12：关照自己的身体

本书作者之一杰米·库尔兹分享了她的一段个人经历。

几个月前，我完成了参加一次马拉松比赛的人生目标。为了达到此目标，在几个月的时间里我每天清早起床进行训练，在饮食方面倍加注意，同时还要应对艰苦训练带来的小腿疼、背疼……几乎所有的地方都酸痛！最后要面对的是完赛当天的筋疲力尽和浑身酸痛。人们对我说："我真难以相信你竟然在做这些事情！"有时我也对此感到迷惑："我为什么要跑马拉松？"

现在，回顾这场马拉松比赛和整个训练阶段，留给我的几乎都是积极、快乐的记忆，充满了欢乐与成就感。事实上，很难说在没有体育锻炼的时间里我是否这么开心过。有这种感觉的并非我一人。

我们要呈现给大家的最后一项幸福策略也许是所有策略里使人受益最大的——这不仅是锻炼本身带来的种种好处，还有正如我们已经了解到的追求目标带来的种种益处。而且，最好的是，任何人都可以从体育锻炼中获益良多，而不是必须要去跑一场马拉松。

研究已经有力地证明了体育锻炼的有效性。例如，在一项研究中，一组年过 50 岁罹患临床抑郁症的参与者被随机分配到 3 个实验组中：第一组要求做有氧运动（每星期 3 次，每次 45 分钟），为期 4 个月；第二组服用抗抑郁药物；第三组在服用药物的同时还要求做有氧运动。让人惊奇的是，4个月结束的时候，3个实验组的参与者们的抑郁症症状都得到了缓解。他们的抑郁症状减轻了，变得更快乐了，对自己的感觉变得更好了。最令人惊奇的是，有氧运动的疗效和服用药物的效果同样显著，而药物配合有氧运动的疗法也同样效果很好（当然，有氧运动疗法更省钱，而且没有药物副作用）！

它为什么奏效？

如果你有锻炼的习惯，哪怕只是每晚在小区里遛狗，也会对"锻炼可以促进积极情绪的产生"有一些自己的体会。首先，锻炼赋予你一种对自己的身体与周围环境的掌控感；其次，与前一点相关联的是，绝大多数人坚持锻炼（无论是散步、跑步、打网球还是做瑜伽），随着时间的推移，会发现自己的身体更健壮、体型更匀称、动作更灵活。这种进步与成长的感觉增强了人们的自尊与自信；最后，锻炼是一种将目标导向行为自然引入你日常生活的途径。无论你的目标是在小区步行一圈且不气喘吁吁，还是打网球时打出漂亮的反手球，抑或是参加马拉松赛事，为设定的锻炼目标而努力对提升快乐与幸福大有裨益。体育锻炼也是获得福流体验的理想途径。

体育锻炼也能成为一种压力释放器，是不影响正常生活且有益自己的极好方式，同时它也是一种应对与消解生活中种种烦恼忧虑的、健康的转移注意力的方式。某些锻炼方式（如参加有氧运动训练班，参加跑步俱乐部或成为健身房会员）还能帮助你培育新的社会关系。简言之，锻炼本身不仅能促进身体的健康状态，由于它和我们之前讨论过的许多策略有着密切的关系，它还能同时提升快乐水平与幸福感。

为你所用

对体育锻炼的种种好处，自然有人是抱有怀疑态度的。绝大多数人都知道如何锻炼身体（即使不知道，也有产值亿万美元的健身产业热心地为我们提供所有相关资讯！）。既然体育锻炼好处这么多，为什么参与者甚少？为什么很难花更多的时间参加体育锻炼呢？对此问题，各种解释都是不难想到的，其中最常见的理由是"我的日程太满了""必须花时间去做的其他事情太多了"。然而，我们应该同时牢记这样一个事实：无论生活多么忙碌，我们中的大多数人总是会挤出时间去做我们真正重视的事情。成功锻炼的秘诀是找到最适合自己和自身生活方式的体育活动，并切实地、坚持不懈地把它加进你的生活日程中。

所以，请仔细考虑下适合自己的健身目标。你想减肥、增强身体的柔韧性，还是想使身体更健壮？你更喜欢花时间待在室内，还是待在户外？你的经济能力能负担健身房的会员费吗？当众锻炼会使你觉得难为情吗？你是否要照顾孩子，或要应对一份繁忙的工作？你的工作需要经常出差吗？

　　像上述这样的问题将帮助你决定怎样才能最好地贯彻执行一项锻炼计划。也许你要照料幼小的孩子们，或没钱办理健身房的会员卡，那么你可以在家里进行练习，或跟孩子们一起去操场跑步；或许你的工作需要经常旅行，那么你可以试着选择那些有健身设施的旅馆入住，或提前花点时间查一查出差地有没有比较好的散步路线或散步区域。锻炼容易使你感到单调乏味？如果是这样的话，单调重复的泳道游泳可能不适合你，你可能会乐于和朋友一起打网球。简言之，避免选择那些与你的个性和生活方式格格不入的锻炼项目。此外，还要考虑到自己当下的健康水平，刚开始锻炼的时候要舒缓一点。在初始阶段，每天的运动时间可以设定为15~30分钟，这样可避免一开始就把自己消耗得筋疲力尽，产生畏难情绪而放弃锻炼。你要做的是适度运动，坚持下去，你的运动状态很快就会得到提升，并从自己的进步中体验到快乐和成就感！

　　如果你已经开始锻炼，那么请注意在运动安排上增加一些挑战或变化。试着多跑1公里，加大一点举重练习的重量，在做瑜伽时让身体伸展的幅度更大一些。当我们已经得心应手时，不断增加挑战性可使我们始终保持富有活力的福流状态。本书作者杰米最近决定交替进行跑步锻炼（这是她过去每天常做的活动）和游泳练习，而索尼娅则决定交替进行跑步锻炼（包括变换跑步路线）和自行车骑行锻炼。全新的方式给我们的运动都增加了挑战性，活动的变化性也让我们更加期待体育锻炼。

最后，努力使锻炼成为自己生活日程的一部分。养成在头天晚上整理好健身背包并把它放在车上随身携带的习惯；和朋友相约同去锻炼，这样你就不会轻易放弃锻炼安排了。每天早上的第一件事就要考虑好当天的锻炼活动，或在计划一天的活动日程时，像安排其他事项或会议一样，把体育锻炼安排进日程里。非经常性的锻炼自然比完全不锻炼要好，但如果想实实在在地提升健康水平和幸福感，体育锻炼必须成为一种常规和习惯。

第 5 周要点回顾

1. 目标对我们的快乐与幸福至关重要，因为目标使我们有效规划时间，赋予生活以意义，获得自我认同感，帮助我们应对困难，使我们与他人建立联系，帮助我们作出种种抉择。

2. "有益的目标"是内驱的、本真的，是趋向型的而非回避型的，是可以实现的。

3. 注重培养精神性对人们的快乐与幸福是极其重要的，尤其在促进正念能力的养成和精进的时候。

4. 体育锻炼是提升快乐与幸福的重要且有效的途径。选择适合自己的锻炼方式，把锻炼安排进你的生活日程，让锻炼成为自己生活中的习惯。

5. 说明：特别请大家注意，为了条理的清晰有序，我们对各种幸福策略分别展开了单独的介绍。但在这些多样化的策略之间，存在着相当多的交集。比如，品味生活的策略之所以很有效，一部分是因为它培育了乐观的生活态度和对生活中美好事物的感恩；实施善行同时也帮助我们培育和加强了各种社会联系；体育锻炼和福流体验带来的益处经常与努力追求目标带来的收获相互交融，难分彼此。总之，当你选择一项幸福策略并付诸实践时，通常也会给你带来其他幸福策略拥有的益处。

展望

我们希望，至此，你已经在考虑运用哪几种特定的策略来提升快乐与幸福。下一周，我们将借助新近的研究成果，对实施这些幸福策略的一些具体技巧进行探讨。

5.4 思考

请花一点时间思考前面学过的 12 个策略，然后回答下面的问题。

- 你认为这些策略是众所周知的吗？你认为其中哪些策略不言自明，是大家都知道的常识？

- 如果这些幸福策略都是众人皆知、不言自明的，那么，你认为为什么还有那么多人生活不快乐，或是还在徒劳地追求那些无法为他们带来持久幸福的事物或活动？

参考文献

Biddle, S. J. H. (2000). Emotion, mood, and physical activity. In S. J. H Biddle, K. R. Fox, & S. H. Boutcher (Eds.), *Physical actioity and psychological well-being* (pp. 63-87). London: Routledge.

Davidson, R. J., Kabat-Zinn, J., Schumacher, J., Rosenkranz, M., Muller, D., & Santorelli, S. F., et al. (2003). Alterations in brain and immune function producedby mindfulness meditation. *Psychosomatic Medicine, 65,* 564-570.

Gollwitzer, P. M. (1999). Implementation intentions. *American Psychologist, 54,* 493-503.

Myers, D. G. (2000). The funds, friends, and faith of happy people. *American Psychologist, 55,* 56-67.

Ryan, R. M. & Deci, E. L. (2000). Self-determination theory and the facilitation of intrinsic motivation, social development, and well-being. *American Psychologist, 55,* 68-78.

POSITIVELY
HAPPY

第 6 周

如何使快乐干预更加奏效

主编导读

本周，作者将整本书的内容综合起来，介绍如何让各种干预策略发挥更好的效果，并分别为在家庭、职场以及心理咨询和治疗这三种情境中的应用提供了建议，此外还为读者提供了大量的练习活动。

本书对与快乐相关的理论和方法进行了总体介绍，对 12 个快乐提升策略分别介绍了"是什么""为什么"以及"怎么做"，可以说已经是一本理论与方法兼备、科学与通俗兼具的优质的积极心理干预学习手册。我之所以还要为每周写一篇导读，是鉴于两位作者都是西方学者，希望我的导读能够将书中的理论和方法与中国文化以及中国的社会现状更加紧密地结合，在读者们畅游这段快乐学习之旅时，再送一程。

不过，对于本周的内容，我认为无须再做更多的说明。在最后一周，作者提供了非常好的建议以及大量的实用练习。因此，我只有一句话的建议：请你跟随作者的笔触，用心阅读，并认真地完成书中的每一个练习。我相信，当你读完全书并按部就班地完成了全部的练习后，掩卷回顾，你会发现，变化已悄然发生。

那么，现在你已经知晓了使你自己和其他人变得更加快乐与幸福的一些基本技巧。重温一下所学的内容，我们探讨过的 12 个策略分别是：①表达感恩；②培养乐观精神；③避免思虑过度和社会攀比；④实施善行；⑤培育人际关系；⑥发展应对策略；⑦学会宽容；⑧增进福流体验；⑨提升品味生活的能力；⑩努力追求目标；⑪ 培养信仰和精神追求；⑫ 进行体育锻炼。

现在让我们来谈谈如何以最佳的方式实施这些幸福策略。尽管将上述 12 个策略在短时间内付诸实践并非难事，但时间会证明长期坚持做下去并不容易——见证真正的、持久的改变需要时日。你是否曾经尝试过一项新的爱好或改善自己的计划（如新年的决心），但过了一段时间后发现"它并不奏效"或是失去了继续完成的兴趣，或干脆半途而废了？我打赌你事先立下的"宏愿"（变得更快乐、变得更成功、减轻体重等）可能见效过，只是难以持久。为什么不能持久呢？这正是这一周的课程关注的内容。我们将向你证明**快乐与幸福的持久改变是可以实现的**，但你必须遵循一些简单却重要的建议。或许你早已经着手实施一个或数个幸福策略，或许你还未开始。无论现在是哪种情况，如果对幸福策略如何发挥作用以及为什么会奏效有更进一步的理解，你在实践中就能获得更大的成效吗？你是不是就能持之以恒地把这些幸福策略实施下去呢？毫无疑问，成功实施快乐提升策略是有秘诀的，接下来让我们一起来分享一些秘诀吧。

个人匹配度的重要意义

要牢记在心的第一点就是**个人活动的匹配性**。不错，我们谈论过这一点，但在这里我们仍有必要重复，因为个人匹配度对成功实施快乐提升策略很重要。不要尝试不适合你的个性或信念的事情；也不要建议客户、病人、职员或学生去做让他们感觉不适合自己的事情。我们希望有多种策略正对你的胃口，使你感觉这样做正合你的心意，或是你已经做过的匹配度测试，知道自己适合哪些行动策略。你选择的快乐提升策略应该让你感到是本真的，与你自己的个性和信念是贴合的。

从选择几种你确信有益的行动策略开始，或许你早已经在身体力行了。对此，我们还有最后几点建议，希望这些建议能使你的快乐提升策略在实践中发挥最好的作用。记住，我们的目标是通过行动达成长期的、持久的快乐。在生活中，就像一些人可以严格按照节食计划坚持一周，很多人都能在短时间内坚持幸福行动。要想达成长期的、持久的快乐与幸福（正如长期的减肥计划一样），成功之道在于坚持不懈地作出积极有益的行为，并形成一种习惯。

多样化和时间安排的重要性

举个例子，比如你现在选择"品味生活"，说得更具体些，现在你住在一个有着优美自然风景的地方，在每天驱车上班的路上，你都有机会尽情欣赏沿途的美丽山景。但这样的机会太多了，你早已习以为常，渐渐忘却了这些美丽风光起初带给你的巨大惊喜。于是，现在你决定通过品味生活的方式从你周围的环境中获得快乐。这当然会有很棒的助益！那么，你准备怎样做？一个小技巧是，在通勤的路上留出一些额外的时间，把车停在沿途一处风景绝佳点，细细观赏。关掉身边所有让你分心的玩意儿（游戏机、手机等），静心与眼前的山脉相对。山脉经历了多么悠久的历史，晨光照耀在这些山峰之上，绘成了一幅动人的图画，青松点缀在山坡上，处处充满生机。与美景为邻使你感到幸运和惬意，在心里立誓还会再来欣赏山脉，会珍惜大自然的慷慨赐予。

尽管品味美好的行动策略在初次尝试时会带给你愉悦的感觉，但一次又一次的重复可能又会使人感到厌烦。是的，享乐适应在提升幸福感的活动中同样起作用！因此，关键的一点是要时不时改变每日的品味活动，这样就能始终保持一定的新鲜感，不至于使其沦为千篇一律的行为或多余之举。用同一个例子来说，你可以换其他方式来品味山景。比如早晨驾车去上班的沿途，你可以停车在另一个地点观赏，那里看到的风景自然就会另有一番韵味；你还可以在一天中不同的时间去观赏山景，变化万千的日光也会使你眼前的风光有所不同；你还可以带着你的朋友和家人们一起分享这些风景，将自然美景融入天伦之乐一起品味和感受（同时还可以收获社会联系和人际关系带来的好处！）；你也可以通过一次周末的徒步登山活动进一步增进对这些山峦的"认识"；你甚至还可以阅读当地的地理文献，更好地欣赏这些经历了数百万年、给你带来享受的自然力量。

在我们这个"大即是美，多即是好"的社会中，人们往往看到好处便趋之若鹜，其实没有这个必要。事实上，做得过多可能恰恰事与愿违。如果你还记得的话，前文我们提及一项研究发现，平均每周列一次感恩清单有益于提升幸福感，而如果一周做3次同样的活动却无助于幸福感的提升，或许因为过多的重复使人们生厌，无法从中感受到快乐；或许还因为有些人发现，要想找到数量众多的值得自己真正感恩的人和事非常困难，勉强而为会让人感觉不好且干预无效！

我们的确无法为你提供一个快速可查、准确可靠的指导意见帮助你作出决定，比如应该多久开展一次你自己选择的活动。快乐干预活动的频率主要取决于你：你的日程、你的偏好、你的个性。在实践中摸索最适合自己的行动节奏吧。试着每周做一次，如果感觉还不错的话，可以多做一点，再增加一点频率。开展这项活动应该使你的内在感觉很有成就感，而不是让你感觉重复且单调无味；活动结束后，你会感觉很好，而不会感觉"哎，现在总算可以把这些快乐提升活动从我的日程列表里划掉了"；你应该感觉到身心焕然一新，轻松愉快，心情美好。如果没有，你应该考虑减少活动的频率，并改变活动的方式。请原谅我们拿节食来打比方，按节食配餐法，每晚只吃清淡蒸制的鸡肉和花椰菜能帮助你减轻一点体重，但要依靠这样的食谱达成长期减重的目标则很困难，因为你很快就会腻烦。但是，如果每周只吃一次或是两次清淡的鸡肉和花椰菜，或是加些调味料或其他蔬菜，这个食谱就能令你保持比较长时间的新鲜感，控制体重的目标就更容易达成。

你可能会想到用不同的活动来满足不同的情况和需求。例如，如果适合你的两项活动分别是体育锻炼和培养乐观精神，请思考一下这两种活动在什么时候最能使你受益——锻炼可能帮助你消解一天的压力，那么可以安排在傍晚慢跑一次；在工作上你可能需要筹备一次重要的展示，在做展示之前，尽可能设想顺利和圆满完成的图景。用这种方式考虑如何安排活动和时间的话，这些策略工具就能给你带来特别大的益处。当你在指导他人如何实施这些行动策略时，要建议他们制订具体计划，安排好实施行动的方式与时间，同时还要记住计划完成之后，还可能需要调整。

社会支持的重要性

要在生活中作出任何持久的改变，没有朋友和家人的支持是很难做到的。请告诉你的亲友你要实践这些能给自己带来快乐和幸福的行动策略。不要过分夸张或是小题大做，比如，当朋友邀请你外出吃汉堡时，你可以建议在用餐结束后约他一起去散散步；如果时常对某些事情思虑过度，你可以求助一位值得信赖的朋友或是对你很重要的人，帮助你走出不良的循环。有证据表明，当人们可以强烈地感受到他人充满爱意的关怀和支持时，他们更可能配合治疗，或是更能坚持他们的新年计划，或是更有毅力减肥。你还可以找一位和你一样有志提升快乐与幸福的"伙伴"，共同商议如何成功实施各自选定的行动策略。社会支持在戒酒（如嗜酒者互诚协会）、减肥（如减肥者俱乐部）及其他让不良习性发生长期改变的方面都大有作用，同样，社会支持也能在持久提升快乐与幸福的努力中给你很大助力。

"人们往往看到好处便趋之若鹜，其实没有这个必要。"

6.1 练习：坚持快乐干预行动，使其成为一种习惯

想一想你生活中获得过的最大的成功，列举其中的 3 条，写在下面。

1.

2.

3.

事实是，成功不会轻易到来，它只垂青于那些坚持不懈、作出真正努力和奉献的人们，想得到持久的快乐也同样如此。本课程介绍的这些行动策略看起来可能不足为奇，但如果期望通过实践得到理想的成效，你需要付出坚定不移的努力。对幸福干预行动的长时间纵向研究发现，只有坚持不懈地朝正确方向实践，行动策略的有效性才能真正体现出来。其他任何形式的"治疗"也是如此，无论是药物治疗还是物理疗法，一旦你停止服用药物或是中断疗程，康复的效果便无法持续。请寻找一项适合你自己的活动，找到多样化的途径，合理地安排时间和频率，坚持不懈地做下去！

好消息是：通过一段时间的坚持，你会开始感觉到行为的自发和自觉。你不用特意提醒自己，比如，"现在我应该锻炼、感恩或是避免社会攀比"之类的。经过一段时间的努力，这些积极正面的思维方式或行为将成为你的一部分和你日常生活不可分割的内容，它已然成为你的习惯了。现在，正如之前我们已讨论过的，这些融入你的个性和生活的新元素已经与那些你会感到厌倦或例行公事的活动截然不同。当我们说某件事情已经成为你的习惯，即意味着做这件事情不再使你感觉陌生或奇怪，你无须再努力把它安插到原有的生活日程里，因为它已经成为令你感到舒适的生活日程之一，你需要做的只是继续下去，并不断从中受益。希望增进快乐的行动能成为你的生活习惯，同时还要记得开展这些活动时，要始终保持新鲜感和兴奋感。

给配偶们的建议

我们提供的种种建议的核心在于，这些行动策略可以帮助你改善人际关系，因为若你变得更加快乐，你将给身边的人们带来积极正面的影响。如果你希望以更为直接的方式改善亲密关系，那么请考虑与你的伴侣一起来进行这些活动，如一起打网球或一起慢跑，告诉你的伴侣你对他（她）的珍爱、感激之情和原因；一起品味一顿美味的晚餐，相互交流你们对美食和如许良宵的细致感受；把你的生活目标分享给对方，并告诉他（她）你准备如何去实现理想；一起去参加促进心灵成长的活动等。许多幸福行动策略（可能福流体验和冥想是两个例外）对提升共享型亲密活动的品质都是大有助益的。

应对抑郁和焦虑的建议

我们介绍给大家的许多行动策略对临床治疗抑郁症和焦虑症也是很有助益的。事实上，幸福行动中的若干策略（如避免过度思虑、发展应对策略）就是在应对精神病症的认知行为心理治疗中受到启发后提炼的。此外，品味美好、表达感恩和培养乐观心态也有助于打破消极不振、思虑过重和过度忧虑的恶性循环，而这些不良的思维方式都是抑郁症和焦虑症患者特有的。有针对性的行动策略能帮助饱受困扰的人们，建立更为积极乐观的思维方式，引导有抑郁和焦虑倾向的人们把精力集中到努力实现自己的生活目标上，这样能帮助他们在生活中取得切实的进步，使他们在获得自我效能感和自我价值的过程中获得所需的助力。请回忆一下前面的内容，体育锻炼和抗抑郁药物对缓解抑郁有同等的效力，对他人践行亲善之举亦能减轻自我中心的过度思虑或非理性焦虑，而当有抑郁或焦虑症状的人们开始为他人着想、主动为他人服务时，他们的症状便减轻了。

尽管积极心理学很少对焦虑症个体进行研究，但在近期的一个研究项目中，马丁·塞利格曼和他的同事们对表现出抑郁症状的人群进行了积极心理治疗（Postive Psychotherapy, PPT）有效性的实验。不同于通常治疗抑郁症状的临床方法，积极心理治疗注重提升患者的积极情感，引导其重建生活的意义，增进对生活的积极参与。研究者为患者设计了一些具体的活动，这些活动与本课程介绍过的活动是相似的：例如，表达感恩，讲一讲令自己引以为豪的成功往事及自己独有的长处，思考未来的机会并展望未来的理想蓝图，花一些时间参与亲社会的公益活动，并尝试品味和充分享受各种令人愉悦的活动。研究将一组有轻度到中度抑郁症状的参与者随机分配到3个小组：传统治疗组、传统治疗加抗抑郁药物组和积极心理治疗组。经过一年的持续治疗和追踪，研究者们发现，积极心理治疗组参与者的抑郁症状减轻幅度最大。尽管这项研究仍处于初步阶段，但试验结果具有高度的启示性。将积极行动干预应用到医疗和康复背景中，通过积极正面的精神引导，可使患者们对自己的生活重新建立起积极正面的评价；鼓励他们进行有益的社会交往，能使患者们重建生活的意义与乐趣。简而言之，积极心理治疗的优点有很多（同时毫无抗抑郁药物的副作用），快乐行动策略的诸多元素可以很顺利地与对心理疾病的传统治疗和康复相结合。

给职场的建议

回想一下前面我们探讨过的内容，快乐的员工在工作中会表现得更有创意和效率。因此对于负责经营的管理者来说，提升员工们的幸福感与自己的利益是完全一致的。盖洛普公司采取了一套优化工作场所氛围、提升员工幸福感的举措，包括加强员工对组织的归属感或关联性，提升员工对本职工作的意义感，保持工作的挑战性或创造福流体验，以及给予同事和下属更多的鼓励。这些积极干预对提升员工们快乐工作的体验是大有助益的，这样的工作氛围使人们乐于继续供职，并做出高效率的工作。

在把这些策略应用到工作场合中时，可以用心做一些设计。例如，为工作的福流体验设置一些先决条件；创造更多的社交机会增进员工们之间的人际关系；对员工付出的努力给予认可和鼓励；用职业蓝图激发其职业自豪感；为员工们的健身项目提供补贴，鼓励其努力锻炼，增进健康。

很多机构已经捕捉到了幸福行动的风向标。谷歌（Google）持续在"最佳雇主"榜名列前茅，它通过提升员工在工作中的乐趣和创造性获得了高水平的员工满意度。员工们感到自己的价值得了到高度的重视，个人福祉得到了全方位的重视。公司员工享有带薪的育儿假，公司大楼里设有瑜伽房、按摩休息处和音乐室供员工放松身心，员工可以带宠物来单位，可以在公司特意铺设的慢跑小径上舒活筋骨，公司还提供了课程补贴经费，餐厅每日供应花样翻新的健康美食，等等，这个福利清单还可以继续列举下去。谷歌上述努力的结果让所有的员工都感到很快乐，他们个个创意十足，工作起来干劲满满。

"成功不会轻易到来，想得到持久的快乐也同样如此。"

6.2 总结：结课时的思考

在过去的 6 周里你学习了很多知识，你应该感觉胸有成竹，想要在自己的个人生活和工作中去应用这些研究成果了。现在，请花一点时间对所学课程做一些反思。

- 在所学内容中，最令你感到惊奇的是哪个部分？

- 在所学内容中，让你感到最有用的是哪个部分？

- 本课程是否改变了你对幸福本质的认识？

回顾和展望

在课程开始的时候，我们承诺要为你完整介绍和说明 12 种不同的、经科学证实的幸福提升策略。至此，我们希望这一使命已成功地完成了，在本课程里，我们以清晰、生动、有趣的方式为你呈现了一系列引人入胜、至关重要的学习材料，并激励你在自己的工作和生活中将这些行之有效的幸福策略付诸实践。你已经开启了一个激动人心的征程！我们衷心希望你从课程学习里得到了收获和喜悦，正如我们在筹备和写作本课程时所感受的那样。请花几分钟回顾一下你在第一周开始时的学习目标，并想一想截至目前你已经在生活中实践了多少，实践的效果又如何。如果已经实现了自己的全部幸福目标，那我们对你表示衷心祝贺！而对于那些还未开始或已经开始为新生活目标努力的人们，请记住积极心理学蕴藏着无限的能量——它能帮助人不断地成长、改变和新生。我们极力建议你继续对课程内容进行探索，浏览相关的新闻、文章，关注积极心理学相关网站，并找机会亲身参与你感兴趣的会议或论坛。

参考文献

Diener, E. & Seligman, M. E. P. (2004). Beyond money: Toward an economy of well-being. *Psychological Science in the Public Interest, 5,* 1-31.

Seligman, M. E. P., Rashid, T., & Parks, A. C. (2006). Positive psychology. *American Psychology, American Psychology, 61,* 774-788.

POSITIVELY
HAPPY

附录

最后的作业

快乐干预是一个全新的、富有革命性的实践领域，我们在课程中呈现给你的内容至关重要，它们具有为人们的生活带来巨大改进的潜能。为了这一目标，希望你根据自己的情况为自己量身定制一个具体的行动计划——在你的工作场所中；在心理治疗或教育培训中；或是在一所学校；面对一群客户时；或在任何其他你认为会受益的场合中实施积极行动干预。我们的目标是：帮助构建适合你的具体情况、行之有效的干预计划，因此，你的计划要力求具体和可行。请仔细考虑如下问题。

- 为了适合不同个体的需求，你如何因人而异地拟订你的计划？
- 计划一旦实施，你会对行动的效果进行评估吗？
- 如果进行评估，将采用怎样的方式？
- 对于那些对积极心理学的理念和实验成果持怀疑甚至排斥态度的人，你会怎样说服对方接纳并推行你的计划？

当你把所学的知识应用于生活实践时，你拟订的幸福行动计划最终追求的目标是什么？

我们希望你能从这些积极心理干预的知识中充分地受益，了解如何将其应用到广泛的领域。基于此目的，我们一起为你设计了多样化的附加练习和思考题。

练习 1：快乐行动策略

- 我们对能增进幸福与快乐的 12 种行动策略进行了具体探讨。或许还有其他行之有效的途径同样能帮助我们获得幸福感和职场成就感，这些内容在本课程中暂未提及。当我们把注意力集中在这些科学证实的幸福提升策略时，同时还存在另一些未经验证的、同样有效的策略，这是完全可能的。

- 请审视你的具体生活情况，并尝试去思考和选择适合自身情况的行动策略。当你对自己的职业生活进行审视时，想一想哪些观念、行为或互动方式能够最有效地激发人的积极反应。

- 在接下来的一周里，仔细观察工作场合中的你和他人，在哪些情形下你和同事们是精神焕发、干劲十足的？当时发生了什么，没有发生什么？请将观察和思考付诸实践，试一试在即将到来的一周里，你能否寻找到那些潜在的、有效的积极行动策略。经过思考和实践，请把适合你自己的可能的行动策略列表写在这里。

练习 2：回顾典型的一周

请对自己的"典型一周"做一次回顾。在这 12 种行动策略中，有哪些策略你已经付诸实践了？在实践这些积极行动时，你可能并不总是会在心里把它们跟幸福策略或是提升幸福感的目的联系起来，但实际上你正在实践着幸福行动。哪些行动对你来说是自然发生的？践行这些行动的收效如何？哪些时候和哪种情形会促使你采取这些行动？是否有一些行动策略是你感觉自己不会去践行的？

请你对工作中即将面临的互动需求展开思考——它也许是一次季度考评，或是和一位新客户的见面，或是筹备一次培训活动。你将如何从 12 种行动策略中选择一种或多种，让自己的工作更高效地完成，更大地激发你与伙伴的工作热情？草拟一份具体的计划吧。

练习 4: 哪种策略更适合你?

先想一想你生活中的各个领域: 工作、家庭和休闲, 再想一想我们在课程中探讨过的 12 种干预策略。你认为, 这些干预策略中的一些活动是否对生活中的某个特定领域 (或是其他领域) 更为适合? 我们探讨过行动策略的个人适应性, 而斟酌策略适应性的另一个视角是干预情境的适应性。为什么你认为 12 种策略中的一些活动在工作情境中使用更为适合, 而其他种类的活动则对你的婚姻生活更有助益, 说一说你这样认为的依据是什么? 不同生活领域之间存在的交集在哪里? 如果把一种行动策略生搬硬套在一个根本不适合它的领域, 可能会出现什么情况呢?

想一想刚过去的这个工作日，你做了什么以及你做这些事情时的感受。首先，你需要重构刚过去的这个工作日：从早晨开始到晚上结束是怎样的情形——你在哪里？跟谁在一起？你做了什么？你有哪些体验？做这样的回顾，最佳办法是把整个工作日分成多个小段落，每个段落的时间至少应该持续 20 分钟，但不要超过 2 个小时。大致而言，一个新段落要以某个明显的变化为起点，比如你开始做某件事，或你开始和某些人共事，或是你换了一个地点，或那时发生了某件事，而这件事使你的感受为之一变。

在回顾每个时间段落时，请记下每个段落开始和结束的大致时间。试着去回忆该时段里发生事件的细节，用简单的标签或言语写下备注，提醒自己那段时间里发生了什么，自己的感受又是怎样的（如"正在见一位客户"或"正在阅读邮件"）。

下面提供的（示例）将展示如何完成工作日练习。

第一步：回顾

首先完成《一日工作回顾卡》

- 分成上午和下午两个时间区；
- 每个时间区分别划分为 8 个时间段，共 16 个时间段；
- 尽可能回顾每个时间段的详细事件。

第二步：评估

详细评估每个时间段中，你的工作状态和情绪状态。

第三步：反思

在对上述的 16 个时间段进行回顾后，现在你可以对自己工作日的情况进行反思，看看有哪些收获。

1 日工作回顾卡

AM 昨天上午

（从开始工作到午饭或午休息前）

时段	记录项目		
	开始的时间	结束的时间	你对该时段的备注
上午的第一个时段			
上午的第二个时段			
上午的第三个时段			
上午的第四个时段			
上午的第五个时段			
上午的第六个时段			
上午的第七个时段			
上午的第八个时段			

　　现在再看一遍上述列表。表中是否有某个时段，你希望把它一分为二？如果有，在继续完成下面的练习之前，把这一项记下来。

work review card

1 日工作回顾卡

PM 昨天下午

（从午饭或午休到工作结束）

时段	记录项目		
	开始的时间	结束的时间	你对该时段的备注
下午的第一个时段			
下午的第二个时段			
下午的第三个时段			
下午的第四个时段			
下午的第五个时段			
下午的第六个时段			
下午的第七个时段			
下午的第八个时段			

现在再看一遍上述列表。表中是否有某个时段，你希望把它一分为二？如果有，在继续完成下面的练习之前，把这一项记下来。

现在请看看你的"上午"时段列表，并选取上午的第一个时段。在开始回答下列问题前，花 1 分钟把该时段的细节通过记忆唤醒——包括那时你做的每件事情、跟你在一起的人，以及你当时的感受。

● 你在哪里？（你的办公室、同事的办公室、会议室等）

● 你是独自一个人吗？　　　☐ 不是　　　☐ 是

● 你在和某人讲话吗？（单选）　☐ 没有　　☐ 有一个人　　☐ 不止一个人

● 如果当时你正在和某人谈话或互动，他（她）是？（可以多选）

☐ 同事　　　　　　　　　☐ 顾客、学生、客户

☐ 老板、主管　　　　　　☐ 选项以外的其他人（请具体说明）

● 你当时正在做什么？（请简短陈述，但请确保下次读时它能唤醒你的记忆）

● 在这个时段，你的感受如何？

请在以下量表中给每一种感受评分。0 表示你丝毫没有这种感觉，6 表示你很强烈地体验到这种感觉。请在 0~6 的数值范围内选择可以准确描述你的感受程度的数值，并在相应数字上画○。

感受	完全不						非常强烈
全程不耐烦	0	1	2	3	4	5	6
胜任愉快、自信	0	1	2	3	4	5	6
紧张、有压力	0	1	2	3	4	5	6
快乐	0	1	2	3	4	5	6
沮丧、忧郁	0	1	2	3	4	5	6
感兴趣、专注	0	1	2	3	4	5	6
富有感情、友善	0	1	2	3	4	5	6
平静、放松	0	1	2	3	4	5	6
恼怒、生气	0	1	2	3	4	5	6
疲劳	0	1	2	3	4	5	6
福流体验	0	1	2	3	4	5	6

现在请看看你的"上午"时段列表，并选取上午的第二个时段。在开始回答下列问题前，花 1 分钟把该时段的细节通过记忆唤醒——包括那时你做的每件事情、跟你在一起的人，以及你当时的感受。

● 你在哪里？（你的办公室、同事的办公室、会议室等）

● 你是独自一个人吗？　☐ 不是　　☐ 是

● 你在和某人讲话吗？（单选）　☐ 没有　　☐ 有一个人　　☐ 不止一个人

● 如果当时你正在和某人谈话或互动，他（她）是？（可以多选）

☐ 同事　　　　　　　　　☐ 顾客、学生、客户

☐ 老板、主管　　　　　　☐ 选项以外的其他人（请具体说明）

● 你当时正在做什么？（请简短陈述，但请确保下次读时它能唤醒你的记忆）

● 在这个时段，你的感受如何？

请在以下量表中给每一种感受评分。0 表示你丝毫没有这种感觉，6 表示你很强烈地体验到这种感觉。请在 0~6 的数值范围内选择可以准确描述你的感受程度的数值，并在相应数字上画〇。

感受	完全不						非常强烈
全程不耐烦	0	1	2	3	4	5	6
胜任愉快、自信	0	1	2	3	4	5	6
紧张、有压力	0	1	2	3	4	5	6
快乐	0	1	2	3	4	5	6
沮丧、忧郁	0	1	2	3	4	5	6
感兴趣、专注	0	1	2	3	4	5	6
富有感情、友善	0	1	2	3	4	5	6
平静、放松	0	1	2	3	4	5	6
恼怒、生气	0	1	2	3	4	5	6
疲劳	0	1	2	3	4	5	6
福流体验	0	1	2	3	4	5	6

现在请看看你的"上午"时段列表，并选取上午的第三个时段。在开始回答下列问题前，花 1 分钟把该时段的细节通过记忆唤醒——包括那时你做的每件事情、跟你在一起的人，以及你当时的感受。

- 你在哪里？（你的办公室、同事的办公室、会议室等）

- 你是独自一个人吗？　☐不是　　☐是
- 你在和某人讲话吗？（单选）　☐没有　　☐有一个人　　☐不止一个人
- 如果当时你正在和某人谈话或互动，他（她）是？（可以多选）

  ☐同事　　　　　　　　　　☐顾客、学生、客户

  ☐老板、主管　　　　　　　☐选项以外的其他人（请具体说明）

- 你当时正在做什么？（请简短陈述，但请确保下次读时它能唤醒你的记忆）

- 在这个时段，你的感受如何？

请在以下量表中给每一种感受评分。0 表示你丝毫没有这种感觉，6 表示你很强烈地体验到这种感觉。请在 0~6 的数值范围内选择可以准确描述你的感受程度的数值，并在相应数字上画〇。

感受	完全不						非常强烈
全程不耐烦	0	1	2	3	4	5	6
胜任愉快、自信	0	1	2	3	4	5	6
紧张、有压力	0	1	2	3	4	5	6
快乐	0	1	2	3	4	5	6
沮丧、忧郁	0	1	2	3	4	5	6
感兴趣、专注	0	1	2	3	4	5	6
富有感情、友善	0	1	2	3	4	5	6
平静、放松	0	1	2	3	4	5	6
恼怒、生气	0	1	2	3	4	5	6
疲劳	0	1	2	3	4	5	6
福流体验	0	1	2	3	4	5	6

现在请看看你的"上午"时段列表，并选取上午的第四个时段。在开始回答下列问题前，花 1 分钟把该时段的细节通过记忆唤醒——包括那时你做的每件事情、跟你在一起的人，以及你当时的感受。

● 你在哪里？（你的办公室、同事的办公室、会议室等）

● 你是独自一个人吗？　□不是　　□是

● 你在和某人讲话吗？（单选）　□没有　　□有一个人　　□不止一个人

● 如果当时你正在和某人谈话或互动，他（她）是？（可以多选）

　□同事　　　　　　　　□顾客、学生、客户

　□老板、主管　　　　　□选项以外的其他人（请具体说明）

● 你当时正在做什么？（请简短陈述，但请确保下次读时它能唤醒你的记忆）

● 在这个时段，你的感受如何？

请在以下量表中给每一种感受评分。0 表示你丝毫没有这种感觉，6 表示你很强烈地体验到这种感觉。请在 0~6 的数值范围内选择可以准确描述你的感受程度的数值，并在相应数字上画○。

感受	完全不						非常强烈
全程不耐烦	0	1	2	3	4	5	6
胜任愉快、自信	0	1	2	3	4	5	6
紧张、有压力	0	1	2	3	4	5	6
快乐	0	1	2	3	4	5	6
沮丧、忧郁	0	1	2	3	4	5	6
感兴趣、专注	0	1	2	3	4	5	6
富有感情、友善	0	1	2	3	4	5	6
平静、放松	0	1	2	3	4	5	6
恼怒、生气	0	1	2	3	4	5	6
疲劳	0	1	2	3	4	5	6
福流体验	0	1	2	3	4	5	6

现在请看看你的"上午"时段列表，并选取上午的第五个时段。在开始回答下列问题前，花 1 分钟把该时段的细节通过记忆唤醒——包括那时你做的每件事情、跟你在一起的人，以及你当时的感受。

● 你在哪里？（你的办公室、同事的办公室、会议室等）

● 你是独自一个人吗？　　　☐ 不是　　　☐ 是

● 你在和某人讲话吗？（单选）　　☐ 没有　　☐ 有一个人　　☐ 不止一个人

● 如果当时你正在和某人谈话或互动，他（她）是？（可以多选）

　☐ 同事　　　　　　　　　　☐ 顾客、学生、客户

　☐ 老板、主管　　　　　　　☐ 选项以外的其他人（请具体说明）

● 你当时正在做什么？（请简短陈述，但请确保下次读时它能唤醒你的记忆）

● 在这个时段，你的感受如何？

请在以下量表中给每一种感受评分。0 表示你丝毫没有这种感觉，6 表示你很强烈地体验到这种感觉。请在 0~6 的数值范围内选择可以准确描述你的感受程度的数值，并在相应数字上画○。

感受	完全不						非常强烈
全程不耐烦	0	1	2	3	4	5	6
胜任愉快、自信	0	1	2	3	4	5	6
紧张、有压力	0	1	2	3	4	5	6
快乐	0	1	2	3	4	5	6
沮丧、忧郁	0	1	2	3	4	5	6
感兴趣、专注	0	1	2	3	4	5	6
富有感情、友善	0	1	2	3	4	5	6
平静、放松	0	1	2	3	4	5	6
恼怒、生气	0	1	2	3	4	5	6
疲劳	0	1	2	3	4	5	6
福流体验	0	1	2	3	4	5	6

现在请看看你的"上午"时段列表，并选取上午的第六个时段。在开始回答下列问题前，花 1 分钟把该时段的细节通过记忆唤醒——包括那时你做的每件事情、跟你在一起的人，以及你当时的感受。

● 你在哪里？（你的办公室、同事的办公室、会议室等）

● 你是独自一个人吗？　　□ 不是　　□ 是

● 你在和某人讲话吗？（单选）　□ 没有　　□ 有一个人　　□ 不止一个人

● 如果当时你正在和某人谈话或互动，他（她）是？（可以多选）

　　□ 同事　　　　　　　　　　□ 顾客、学生、客户

　　□ 老板、主管　　　　　　　□ 选项以外的其他人（请具体说明）

● 你当时正在做什么？（请简短陈述，但请确保下次读时它能唤醒你的记忆）

● 在这个时段，你的感受如何？

请在以下量表中给每一种感受评分。0 表示你丝毫没有这种感觉，6 表示你很强烈地体验到这种感觉。请在 0~6 的数值范围内选择可以准确描述你的感受程度的数值，并在相应数字上画○。

感受	完全不						非常强烈
全程不耐烦	0	1	2	3	4	5	6
胜任愉快、自信	0	1	2	3	4	5	6
紧张、有压力	0	1	2	3	4	5	6
快乐	0	1	2	3	4	5	6
沮丧、忧郁	0	1	2	3	4	5	6
感兴趣、专注	0	1	2	3	4	5	6
富有感情、友善	0	1	2	3	4	5	6
平静、放松	0		2	3	4	5	6
恼怒、生气	0	1	2	3	4	5	6
疲劳	0	1	2	3	4	5	6
福流体验	0	1	2	3	4	5	6

现在请看看你的"上午"时段列表，并选取上午的第七个时段。在开始回答下列问题前，花 1 分钟把该时段的细节通过记忆唤醒——包括那时你做的每件事情、跟你在一起的人，以及你当时的感受。

- 你在哪里？（你的办公室、同事的办公室、会议室等）

- 你是独自一个人吗？　　□ 不是　　　□ 是
- 你在和某人讲话吗？（单选）　　□ 没有　　□ 有一个人　　□ 不止一个人
- 如果当时你正在和某人谈话或互动，他（她）是？（可以多选）

  □ 同事　　　　　　　　　　□ 顾客、学生、客户

  □ 老板、主管　　　　　　　□ 选项以外的其他人（请具体说明）

- 你当时正在做什么？（请简短陈述，但请确保下次读时它能唤醒你的记忆）

- 在这个时段，你的感受如何？

请在以下量表中给每一种感受评分。0 表示你丝毫没有这种感觉，6 表示你很强烈地体验到这种感觉。请在 0~6 的数值范围内选择可以准确描述你的感受程度的数值，并在相应数字上画〇。

感受	完全不						非常强烈
全程不耐烦	0	1	2	3	4	5	6
胜任愉快、自信	0	1	2	3	4	5	6
紧张、有压力	0	1	2	3	4	5	6
快乐	0	1	2	3	4	5	6
沮丧、忧郁	0	1	2	3	4	5	6
感兴趣、专注	0	1	2	3	4	5	6
富有感情、友善	0	1	2	3	4	5	6
平静、放松	0	1	2	3	4	5	6
恼怒、生气	0	1	2	3	4	5	6
疲劳	0	1	2	3	4	5	6
福流体验	0	1	2	3	4	5	6

现在请看看你的"上午"时段列表，并选取上午的第八个时段。在开始回答下列问题前，花 1 分钟把该时段的细节通过记忆唤醒——包括那时你做的每件事情、跟你在一起的人，以及你当时的感受。

● 你在哪里？（你的办公室、同事的办公室、会议室等）

● 你是独自一个人吗？　□ 不是　　□ 是

● 你在和某人讲话吗？（单选）　□ 没有　　□ 有一个人　　□ 不止一个人

● 如果当时你正在和某人谈话或互动，他（她）是？（可以多选）

　□ 同事　　　　　　　　□ 顾客、学生、客户

　□ 老板、主管　　　　　□ 选项以外的其他人（请具体说明）

● 你当时正在做什么？（请简短陈述，但请确保下次读时它能唤醒你的记忆）

● 在这个时段，你的感受如何？

请在以下量表中给每一种感受评分。0 表示你丝毫没有这种感觉，6 表示你很强烈地体验到这种感觉。请在 0~6 的数值范围内选择可以准确描述你的感受程度的数值，并在相应数字上画〇。

感受	完全不						非常强烈
全程不耐烦	0	1	2	3	4	5	6
胜任愉快、自信	0	1	2	3	4	5	6
紧张、有压力	0	1	2	3	4	5	6
快乐	0	1	2	3	4	5	6
沮丧、忧郁	0	1	2	3	4	5	6
感兴趣、专注	0	1	2	3	4	5	6
富有感情、友善	0	1	2	3	4	5	6
平静、放松	0	1	2	3	4	5	6
恼怒、生气	0	1	2	3	4	5	6
疲劳	0	1	2	3	4	5	6
福流体验	0	1	2	3	4	5	6

　　现在请看看你的"下午"时段列表，并选取下午的第一个时段。在开始回答下列问题前，花 1 分钟把该时段的细节通过记忆唤醒——包括那时你做的每件事情、跟你在一起的人，以及你当时的感受。

● 你在哪里？（你的办公室、同事的办公室、会议室等）

● 你是独自一个人吗？　　　　□ 不是　　　　□ 是

● 你在和某人讲话吗？（单选）　□ 没有　　□ 有一个人　　□ 不止一个人

● 如果当时你正在和某人谈话或互动，他（她）是？（可以多选）

　　□ 同事　　　　　　　　　　□ 顾客、学生、客户

　　□ 老板、主管　　　　　　　□ 选项以外的其他人（请具体说明）

● 你当时正在做什么？（请简短陈述，但请确保下次读时它能唤醒你的记忆）

● 在这个时段，你的感受如何？

请在以下量表中给每一种感受评分。0 表示你丝毫没有这种感觉，6 表示你很强烈地体验到这种感觉。请在 0~6 的数值范围内选择可以准确描述你的感受程度的数值，并在相应数字上画○。

感受	完全不						非常强烈
全程不耐烦	0	1	2	3	4	5	6
胜任愉快、自信	0	1	2	3	4	5	6
紧张、有压力	0	1	2	3	4	5	6
快乐	0	1	2	3	4	5	6
沮丧、忧郁	0	1	2	3	4	5	6
感兴趣、专注	0	1	2	3	4	5	6
富有感情、友善	0	1	2	3	4	5	6
平静、放松	0	1	2	3	4	5	6
恼怒、生气	0	1	2	3	4	5	6
疲劳	0	1	2	3	4	5	6
福流体验	0	1	2	3	4	5	6

现在请看看你的"下午"时段列表，并选取下午的第二个时段。在开始回答下列问题前，花 1 分钟把该时段的细节通过记忆唤醒——包括那时你做的每件事情、跟你在一起的人，以及你当时的感受。

- 你在哪里？（你的办公室、同事的办公室、会议室等）

- 你是独自一个人吗？ ☐不是 ☐是

- 你在和某人讲话吗？（单选） ☐没有 ☐有一个人 ☐不止一个人

- 如果当时你正在和某人谈话或互动，他（她）是？（可以多选）

  ☐同事 ☐顾客、学生、客户

  ☐老板、主管 ☐选项以外的其他人（请具体说明）

- 你当时正在做什么？（请简短陈述，但请确保下次读时它能唤醒你的记忆）

- 在这个时段，你的感受如何？

请在以下量表中给每一种感受评分。0 表示你丝毫没有这种感觉，6 表示你很强烈地体验到这种感觉。请在 0~6 的数值范围内选择可以准确描述你的感受程度的数值，并在相应数字上画〇。

感受	完全不						非常强烈
全程不耐烦	0	1	2	3	4	5	6
胜任愉快、自信	0	1	2	3	4	5	6
紧张、有压力	0	1	2	3	4	5	6
快乐	0	1	2	3	4	5	6
沮丧、忧郁	0	1	2	3	4	5	6
感兴趣、专注	0	1	2	3	4	5	6
富有感情、友善	0	1	2	3	4	5	6
平静、放松	0	1	2	3	4	5	6
恼怒、生气	0	1	2	3	4	5	6
疲劳	0	1	2	3	4	5	6
福流体验	0	1	2	3	4	5	6

现在请看看你的"下午"时段列表，并选取下午的第三个时段。在开始回答下列问题前，花1分钟把该时段的细节通过记忆唤醒——包括那时你做的每件事情、跟你在一起的人，以及你当时的感受。

- 你在哪里？（你的办公室、同事的办公室、会议室等）

- 你是独自一个人吗？　　　　　□不是　　　□是

- 你在和某人讲话吗？（单选）　□没有　　　□有一个人　　　□不止一个人

- 如果当时你正在和某人谈话或互动，他（她）是？（可以多选）

  □同事　　　　　　　　□顾客、学生、客户

  □老板、主管　　　　　□选项以外的其他人（请具体说明）

- 你当时正在做什么？（请简短陈述，但请确保下次读时它能唤醒你的记忆）

- 在这个时段，你的感受如何？

请在以下量表中给每一种感受评分。0表示你丝毫没有这种感觉，6表示你很强烈地体验到这种感觉。请在0~6的数值范围内选择可以准确描述你的感受程度的数值，并在相应数字上画〇。

感受	完全不						非常强烈
全程不耐烦	0	1	2	3	4	5	6
胜任愉快、自信	0	1	2	3	4	5	6
紧张、有压力	0	1	2	3	4	5	6
快乐	0	1	2	3	4	5	6
沮丧、忧郁	0	1	2	3	4	5	6
感兴趣、专注	0	1	2	3	4	5	6
富有感情、友善	0	1	2	3	4	5	6
平静、放松	0	1	2	3	4	5	6
恼怒、生气	0	1	2	3	4	5	6
疲劳	0	1	2	3	4	5	6
福流体验	0	1	2	3	4	5	6

下午的第四个时段

现在请看看你的"下午"时段列表，并选取下午的第四个时段。在开始回答下列问题前，花 1 分钟把该时段的细节通过记忆唤醒——包括那时你做的每件事情、跟你在一起的人，以及你当时的感受。

- 你在哪里？（你的办公室、同事的办公室、会议室等）

- 你是独自一个人吗？　　　　□不是　　　□是
- 你在和某人讲话吗？（单选）　□没有　　　□有一个人　　　□不止一个人
- 如果当时你正在和某人谈话或互动，他（她）是？（可以多选）

  □同事　　　　　　　　　　□顾客、学生、客户

  □老板、主管　　　　　　　□选项以外的其他人（请具体说明）

- 你当时正在做什么？（请简短陈述，但请确保下次读时它能唤醒你的记忆）

- 在这个时段，你的感受如何？

请在以下量表中给每一种感受评分。0 表示你丝毫没有这种感觉，6 表示你很强烈地体验到这种感觉。请在 0~6 的数值范围内选择可以准确描述你的感受程度的数值，并在相应数字上画〇。

感受	完全不						非常强烈
全程不耐烦	0	1	2	3	4	5	6
胜任愉快、自信	0	1	2	3	4	5	6
紧张、有压力	0	1	2	3	4	5	6
快乐	0	1	2	3	4	5	6
沮丧、忧郁	0	1	2	3	4	5	6
感兴趣、专注	0	1	2	3	4	5	6
富有感情、友善	0	1	2	3	4	5	6
平静、放松	0	1	2	3	4	5	6
恼怒、生气	0	1	2	3	4	5	6
疲劳	0	1	2	3	4	5	6
福流体验	0	1	2	3	4	5	6

下午的第五个时段

现在请看看你的"下午"时段列表，并选取下午的第五个时段。在开始回答下列问题前，花1分钟把该时段的细节通过记忆唤醒——包括那时你做的每件事情、跟你在一起的人，以及你当时的感受。

● 你在哪里？（你的办公室、同事的办公室、会议室等）

● 你是独自一个人吗？ ☐不是 ☐是

● 你在和某人讲话吗？（单选） ☐没有 ☐有一个人 ☐不止一个人

● 如果当时你正在和某人谈话或互动，他（她）是？（可以多选）

☐同事 ☐顾客、学生、客户

☐老板、主管 ☐选项以外的其他人（请具体说明）

● 你当时正在做什么？（请简短陈述，但请确保下次读时它能唤醒你的记忆）

● 在这个时段，你的感受如何？

请在以下量表中给每一种感受评分。0表示你丝毫没有这种感觉，6表示你很强烈地体验到这种感觉。请在0~6的数值范围内选择可以准确描述你的感受程度的数值，并在相应数字上画〇。

感受	完全不						非常强烈
全程不耐烦	0	1	2	3	4	5	6
胜任愉快、自信	0	1	2	3	4	5	6
紧张、有压力	0	1	2	3	4	5	6
快乐	0	1	2	3	4	5	6
沮丧、忧郁	0	1	2	3	4	5	6
感兴趣、专注	0	1	2	3	4	5	6
富有感情、友善	0	1	2	3	4	5	6
平静、放松	0	1	2	3	4	5	6
恼怒、生气	0	1	2	3	4	5	6
疲劳	0	1	2	3	4	5	6
福流体验	0	1	2	3	4	5	6

下午的第六个时段

现在请看看你的"下午"时段列表，并选取下午的第六个时段。在开始回答下列问题前，花 1 分钟把该时段的细节通过记忆唤醒——包括那时你做的每件事情、跟你在一起的人，以及你当时的感受。

- 你在哪里？（你的办公室、同事的办公室、会议室等）

- 你是独自一个人吗？　☐ 不是　　☐ 是

- 你在和某人讲话吗？（单选）　☐ 没有　　☐ 有一个人　　☐ 不止一个人

- 如果当时你正在和某人谈话或互动，他（她）是？（可以多选）

  ☐ 同事　　　　　　　　　☐ 顾客、学生、客户

  ☐ 老板、主管　　　　　　☐ 选项以外的其他人（请具体说明）

- 你当时正在做什么？（请简短陈述，但请确保下次读时它能唤醒你的记忆）

- 在这个时段，你的感受如何？

请在以下量表中给每一种感受评分。0 表示你丝毫没有这种感觉，6 表示你很强烈地体验到这种感觉。请在 0~6 的数值范围内选择可以准确描述你的感受程度的数值，并在相应数字上画○。

感受	完全不						非常强烈
全程不耐烦	0	1	2	3	4	5	6
胜任愉快、自信	0	1	2	3	4	5	6
紧张、有压力	0	1	2	3	4	5	6
快乐	0	1	2	3	4	5	6
沮丧、忧郁	0	1	2	3	4	5	6
感兴趣、专注	0	1	2	3	4	5	6
富有感情、友善	0	1	2	3	4	5	6
平静、放松	0	1	2	3	4	5	6
恼怒、生气	0	1	2	3	4	5	6
疲劳	0	1	2	3	4	5	6
福流体验	0	1	2	3	4	5	6

现在请看看你的"下午"时段列表，并选取下午的第七个时段。在开始回答下列问题前，花1分钟把该时段的细节通过记忆唤醒——包括那时你做的每件事情、跟你在一起的人，以及你当时的感受。

● 你在哪里？（你的办公室、同事的办公室、会议室等）

● 你是独自一个人吗？　　　　　☐ 不是　　　☐ 是
● 你在和某人讲话吗？（单选）　☐ 没有　　　☐ 有一个人　　　☐ 不止一个人
● 如果当时你正在和某人谈话或互动，他（她）是？（可以多选）

　　☐ 同事　　　　　　　　　　☐ 顾客、学生、客户
　　☐ 老板、主管　　　　　　　☐ 选项以外的其他人（请具体说明）

● 你当时正在做什么？（请简短陈述，但请确保下次读时它能唤醒你的记忆）

● 在这个时段，你的感受如何？

请在以下量表中给每一种感受评分。0 表示你丝毫没有这种感觉，6 表示你很强烈地体验到这种感觉。请在 0~6 的数值范围内选择可以准确描述你的感受程度的数值，并在相应数字上画〇。

感受	完全不						非常强烈
全程不耐烦	0	1	2	3	4	5	6
胜任愉快、自信	0	1	2	3	4	5	6
紧张、有压力	0	1	2	3	4	5	6
快乐	0	1	2	3	4	5	6
沮丧、忧郁	0	1	2	3	4	5	6
感兴趣、专注	0	1	2	3	4	5	6
富有感情、友善	0	1	2	3	4	5	6
平静、放松	0	1	2	3		4	5	6
恼怒、生气	0	1	2	3	4	5	6
疲劳	0	1	2	3	4	5	6
福流体验	0	1	2	3	4	5	6

下午的第八个时段

现在请看看你的"下午"时段列表，并选取下午的第八个时段。在开始回答下列问题前，花1分钟把该时段的细节通过记忆唤醒——包括那时你做的每件事情、跟你在一起的人，以及你当时的感受。

● 你在哪里？（你的办公室、同事的办公室、会议室等）

● 你是独自一个人吗？　□不是　□是

● 你在和某人讲话吗？（单选）　□没有　□有一个人　□不止一个人

● 如果当时你正在和某人谈话或互动，他（她）是？（可以多选）

　□同事　　　　　□顾客、学生、客户

　□老板、主管　　□选项以外的其他人（请具体说明）

● 你当时正在做什么？（请简短陈述，但请确保下次读时它能唤醒你的记忆）

● 在这个时段，你的感受如何？

请在以下量表中给每一种感受评分。0 表示你丝毫没有这种感觉，6 表示你很强烈地体验到这种感觉。请在 0~6 的数值范围内选择可以准确描述你的感受程度的数值，并在相应数字上画○。

感受	完全不						非常强烈
全程不耐烦	0	1	2	3	4	5	6
胜任愉快、自信	0	1	2	3	4	5	6
紧张、有压力	0	1	2	3	4	5	6
快乐	0	1	2	3	4	5	6
沮丧、忧郁	0	1	2	3	4	5	6
感兴趣、专注	0	1	2	3	4	5	6
富有感情、友善	0	1	2	3	4	5	6
平静、放松	0	1	2	3	4	5	6
恼怒、生气	0	1	2	3	4	5	6
疲劳	0	1	2	3	4	5	6
福流体验	0	1	2	3	4	5	6

反思

- 在完成了上述全部的昨日工作回顾后，现在你可以对自己工作日的情况进行反思。这项练习是否使你对工作日所发生的一切获得了更加真实的洞见？工作日的一些什么因素使你感觉快乐而充实（如使你获得福流体验、感觉胜任愉快、兴致勃勃等），而另一些因素却无法使你获得这些积极的感受？当你处于最佳的感觉状态时，你和哪些人在一起？你都做了些什么？这是一天中的哪个时段？

- 请想一想，在今后的日子里，你将如何调整你的时间和活动安排，从而让你的工作日变得更有满足感，使你获得更丰饶的收获？

内 容 提 要

相比从前，人们现在更迫切地寻找提升幸福的途径。但是，我们又从何得知哪些做法是真正奏效的呢？本书分享了提升和保持快乐的最新科学发现，介绍了 12 种快乐策略和众多的具体技巧，告诉你这些方法为何奏效，并帮助你找到适合自己的方案和活动。这些策略和方法不仅适合你，也适合你的家人、学生、同事和来访者（客户），让你们以切实可行的方法达成幸福的目标，在家庭、学校和职场都过上更令人满意的生活。

图书在版编目（CIP）数据

快乐有方法：实现可持续幸福的 12 种策略 /（美）索尼娅·柳博米尔斯基，（美）杰米·库尔兹著；安妮，杜玉洁译 . -- 北京：中国纺织出版社有限公司，2024.1

（积极心理干预书系 / 安妮主编）

书名原文：Positively Happy: Routes to Sustainable Happiness

ISBN 978-7-5180-9562-9

Ⅰ.①快… Ⅱ.①索… ②杰… ③安… ④杜… Ⅲ.①幸福－通俗读物 Ⅳ.①B82-49

中国版本图书馆CIP 数据核字（2022）第105378 号

责任编辑：关雪菁 宋 贺 责任校对：高 涵
责任印制：王艳丽

中国纺织出版社有限公司出版发行
地址：北京市朝阳区百子湾东里 A407 号楼 邮政编码：100124
销售电话：010—67004422 传真：010—87155801
http://www.c-textilep.com
中国纺织出版社天猫旗舰店
官方微博 http://weibo.com/2119887771
北京华联印刷有限公司印刷 各地新华书店经销
2024 年 1 月第 1 版第 1 次印刷
开本：710×1000 1/16 印张：13.5
字数：135 千字 定价：59.80 元